茶叶检验技术

主　编　罗学平　练学燕
副主编　杨丽冉　李勇辉　张敬慧

北京理工大学出版社
BEIJING INSTITUTE OF TECHNOLOGY PRESS

内 容 提 要

本书围绕茶叶产品质量安全,设置了样品的准备、茶叶品质成分检测、茶叶物理检验、茶叶微生物检验、茶叶中重金属与微量元素检测、茶叶中农药残留检测6个项目,共25个任务,面向茶产业培养茶叶检验的高技能人才。同时,本书注重对学生理论知识、应用能力和实践动手能力的培养,内容简明扼要,文字精练易懂,理论联系实际,并力求反映茶叶检验技术的科学性、先进性和实用性。

本书是高等院校茶叶生产与加工技术专业茶叶质量控制与检测技术课程的配套教材,也可为茶叶行业、食品行业相关领域从业人员提供技术参考。

图书在版编目(CIP)数据

茶叶检验技术 / 罗学平,练学燕主编 . -- 北京:
北京理工大学出版社,2025.1.
ISBN 978-7-5763-4822-4

Ⅰ . TS272.7

中国国家版本馆 CIP 数据核字第 2025QA6468 号

责任编辑:江 立		文案编辑:江 立	
责任校对:周瑞红		责任印制:王美丽	

出版发行 / 北京理工大学出版社有限责任公司

社　　址 / 北京市丰台区四合庄路 6 号

邮　　编 / 100070

电　　话 / (010)68914026(教材售后服务热线)

　　　　　 (010)63726648(课件资源服务热线)

网　　址 / http://www.bitpress.com.cn

版 印 次 / 2025 年 1 月第 1 版第 1 次印刷

印　　刷 / 河北鑫彩博图印刷有限公司

开　　本 / 787 mm×1092 mm　1/16

印　　张 / 10

字　　数 / 242 千字

定　　价 / 79.00 元

编写人员名单

主　编　罗学平　练学燕

副主编　杨丽舟　李勇辉　张敬慧

编　者　（以姓氏笔画为序）

冯德建（中国测试技术研究院）

李丽霞（宜宾职业技术学院）

李勇辉（宜宾职业技术学院）

杨丽舟（宜宾职业技术学院）

张敬慧（宜宾职业技术学院）

罗学平（宜宾职业技术学院）

练学燕（四川省川红茶业集团有限公司）

寇　芯（宜宾职业技术学院）

敬廷桃（重庆市农业科学院）

蒋　宾（宜宾职业技术学院）

焦文文（宜宾职业技术学院）

前 言

目前，全国共有 20 多所高职院校开设了茶叶生产与加工技术专业，茶叶检验是茶叶生产中的关键环节，因此，茶叶检验技术是高职院校茶叶生产与加工技术专业的一门重要课程。

党的二十大报告明确指出，"深入实施人才强国战略。加快建设国家战略人才力量，努力培养造就更多大师、战略科学家、一流科技领军人才和创新团队、青年科技人才、卓越工程师、大国工匠、高技能人才。"因此，本书围绕茶叶产品质量安全，设置了样品的准备、茶叶品质成分检测、茶叶物理检验、茶叶微生物检验、茶叶中重金属与微量元素检测、茶叶中农药残留检测 6 个项目，共 25 个任务，面向茶产业培养茶叶检验的高技能人才。同时，本书注重对学生理论知识、应用能力和实践动手能力的培养，内容简明扼要，文字精练易懂，理论联系实际，并力求反映茶叶检验技术的科学性、先进性和实用性。

本书由罗学平、练学燕担任主编，由杨丽冉、李勇辉、张敬慧担任副主编，具体编写分工为：任务一、任务四、任务五、任务十二、任务十四由罗学平编写，任务十一、任务十三、任务十七由练学燕编写，任务八、任务十、任务十五由杨丽冉编写，任务十八、任务十九、任务二十由张敬慧编写，任务二十三、任务二十四、任务二十五及附录由李勇辉编写，任务二由敬廷桃编写，任务三由李丽霞编写，任务六由冯德建编写，任务七、任务九由焦文文编写，任务十六由蒋宾编写，任务二十一、任务二十二由寇芯编写，全书由罗学平统稿。

本书采用校企联合编写，在编写过程中，得到了中国测试技术研究院、宜宾市农业农村局、重庆市农业科学院、四川省川红茶业集团有限公司等单位的大力支持，在此表示衷心的感谢！

由于编者水平有限，加之时间仓促，本书尚存一些错误或不足之处，请予谅解，并诚恳希望专家、同行和读者们提出批评和宝贵意见，以便今后进一步修改提高。

编　者

目 录

项目一 样品的准备

项目提要

在实训中，正确采集和保存样品是一个很重要的环节。首先要保证所取样品具有代表性，否则无论后续工作做得多么认真、准确，得到的结果也毫无意义，甚至得到错误的结论，可能会对正常的工作造成误导。因此，本项目结合茶叶生产的实际需要，设置了2个任务，分别为茶叶固样及取样与磨碎试样的制备，为后续理化分析奠定基础。

任务一 茶叶固样

学习目标

理解茶叶固样的根本目的；能够正确地对茶叶样品进行固样操作；通过开展茶叶固样操作，养成良好的实验室安全意识和责任意识。

知识准备

不同的茶树品种、不同的栽培技术及不同的生态条件下所采摘的茶树鲜叶，以及采摘不同标准的茶树鲜叶，都具有不同的生化特性，我们可以通过样品分析加以区别和比较，从而了解茶叶的品质状况。

然而，由于茶树鲜叶中含有多种酶类（氧化酶、水解酶等）、儿茶素、氨基酸等成分，它们具有活泼的性质，在鲜叶采摘后或茶叶初加工过程中很容易发生变化，因此，我们很难直接了解它们的真实情况。这时，我们还需要对茶树鲜叶或茶叶初加工过程中的在制品进一步处理，通过合理的方法，确保其主要品质成分不发生变化，从而反映样品的真实情况，这种方法称为固样。常用的固样方法是高温固样，其中，以蒸汽固样、微波固样、热风固样最为常见。

技能训练

训练任务　茶叶固样

一、材料与设备

（一）材料

（1）按规定标准采摘的鲜叶。

（2）茶叶初加工在制品。

（二）设备

具有蒸格的蒸锅（直径＞40 cm）；电热鼓风恒温干燥箱（0～300 ℃）；家用微波炉（转盘式）；塑料盒；天平；电炉或其他加热设备等。

二、固样操作

（一）蒸汽固样法

1. 蒸青

蒸锅中加入适量的水，置于电炉或其他加热设备上，锅内水煮沸产生足量的蒸汽后，将鲜叶或茶叶初加工在制品疏松、均匀地摊在蒸格上（一次投叶不能太多，以铺满蒸格即可），并立即盖上锅盖。蒸青时间视原料老嫩程度而定，一般嫩叶蒸青 2～3 min，老叶蒸青 4～5 min。不可蒸青过度，避免叶色发黄；也不可蒸青过短，以防红梗红叶。

2. 摊凉

蒸后的样品，立即抖散摊凉，均匀摊放，以免造成样品中物质的变化。

3. 干燥

经摊凉后的蒸青样品，薄摊于温度为 70～80 ℃ 的烘箱中烘干。烘干前期可调大鼓风强度，加速水蒸气散失，待茶样有 6～7 成干时，就可减小鼓风强度或停止鼓风。干燥程度一般为含水率在 6% 以下。

（二）微波固样法

微波是一种高频率的电磁波，其波长为 1 m～1 mm，能够透射到生物组织内部，使偶极分子和蛋白质的极性侧链以极高的频率振荡，引起分子的电磁振荡等作用，增加分子的运动，导致热量的产生。

操作要点：调节微波频率至最大，取 50 g 鲜叶或在制品置于塑料盒中（不加盖），要求鲜叶疏松、均匀，微波处理 70～80 s 后取出，摊凉、冷却、干燥，其方法同蒸汽固样法。

（三）热风固样法

热风固样法又称热空气固样法、沸腾干燥法，是指用功率较大的鼓风机，将热空气鼓入网状干燥室，茶样在热气中呈悬浮状态，达到迅速干燥的目的。用此法干燥的样品内含物损失很少，同时干燥时间大大缩短。

操作要点：将烘干机预热到 110 ℃，并打开鼓风机，一次投入样品 100 g 左右，一般12 min 左右即可干燥。

固样结束后,将样品及时取出并冷却至室温,并置于样品袋中,做好标记,以备后续处理。

三、结果记录

将实验相关数据填入表 1-1 中。

表 1-1 茶叶固样操作记录表

日期: 操作人:

样品名称		固样方法:□蒸汽固样 □微波固样 □热风固样
固样前	样品状态描述	
	样品质量/g	
固样参数	温度/℃或功率/W	
	时间/min	
	单次固样样品质量/g	
固样后	样品状态描述	
	样品质量/g	
干燥	干燥温度/℃	
	样品状态描述	
	样品质量/g	

注意事项

(1) **固样时间应通过预实验确定**。不同固样方法的固样时间不同。一般微波固样用时最短,蒸汽固样和热风固样用时稍长一些。需要注意的是,固样时间应通过预实验确定,否则,可能会固样过度导致叶色变黄,或固样不足造成红梗红叶,从而失去样品的真实性。

(2) **同一批次样品,固样条件应一致**。对同一批次或不同批次的样品进行对比实验时,样品固样方法需一致,如采用相同的固样方法、相同的固样时间、相同的固样样品质量等,这样对样品中的各项成分分析的结果才具有可比性。

(3) **固样后的样品要及时测试分析**。样品烘干后容易吸收水分而变潮,需置于干燥环境中,并尽快粉碎处理进行测试分析,否则,容易吸潮变质,影响测试结果。

任务二 取样与磨碎试样的制备

学习目标

理解实训样品的采集原则,掌握样品的采集方法;能正确制备磨碎试样;应用国家标准方

法取样，养成茶叶检验的标准化意识，树立良好的责任心，确保茶叶检验结果的准确、可靠。

知识准备

一、实训样品的采集

（一）样品的采集原则

（1）代表性：选择一定数量的能代表大多数茶树情况的茶树植株、新梢作为样品，不要选择路边、地头或土埂路边 2 m 范围内的样品。

（2）典型性：采样部位要能反映所了解的情况，不能将茶树植株各部位任意混合。在选取茶树新梢样品时，应根据实训内容所需，选取合适的标准采摘鲜叶；如无特殊要求，一般采摘一芽二叶作为标准。

（3）实时性：根据实训需要，在茶树不同生长发育阶段要进行定期取样。茶树体内各种物质都处于不断的代谢变化中，不同生育期、不同时段、不同季节的含量差异都很大。因此，在分期采样时，取样时间应尽量一致，通常以晴天上午 8～10 时为宜。

因此，在采样时应根据分析的目的和要求，充分考虑上述因素的影响，适时采集，确保样品具有代表性和典型性。

（二）样品的采集方法

1. 田间茶叶样品采集

根据茶园地形特点，在茶园内以梅花形布点，或平行前进以交叉间隔方式布点（图 2-1），采集 5～10 个试样混合成一个代表样品，按要求采集植株的根、茎、叶等不同部位。采集茶树根部时，要保持根部的完整，并用清水清洗 4 次后用纱布擦干。采集茶树叶片时，应按照实训要求的标准在不同点位采集一定数量的叶片，然后混合均匀，以待进一步处理。

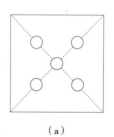 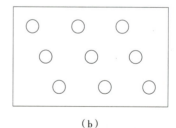

（a）　　　　　　　　　　　　　（b）

图 2-1　梅花形布点和交叉间隔方式布点取样
（a）梅花形五点取样；（b）交叉间隔方式取样

2. 成品茶样品采集

成品茶样品采集需遵循《茶 取样》（GB/T 8302—2013）的规定进行。取样过程大体分为以下三步。

（1）收集粗茶样，即按照取样规定的件数采用随机取样法抽取样茶。取样件数规定见表2-1。

表 2-1　茶叶随机取样件数规定

产品数量/件	取样数量/件	备注
1~5	1	—
6~50	2	—
51~500	每增加 50 件，增取 1 件	不足 50 件，按 50 件计
501~1 000	每增加 100 件，增取 1 件	不足 100 件，按 100 件计
1 000 以上	每增加 500 件，增取 1 件	不足 500 件，按 500 件计

（2）四分法缩分取样，即将每份粗茶样混匀、缩分，减少至适合分析所需的数量，四分法缩分取样如图 2-2 所示。

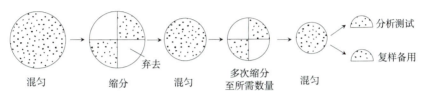

图 2-2　四分法缩分取样示意

示例。如《茶 取样》（GB/T 8302—2013）标准中规定了小包装茶取样的方法："在整批包装完成后的堆垛中，抽取规定的件数，逐件开启，从各件内取出 2~3 盒（听、袋）。所取样品保留数盒（听、袋），盛于防潮的容器中，供进行单个检验。其余部分现场拆封，倒出茶叶混匀，再用分样器或四分法逐步缩分至 500~1 000 g，作为平均样品，分装于两个茶样罐中，供检验用。检验用的试验样品应有所需的备份，以供复验或备查之用。"

（3）制成符合分析用的样品。

二、磨碎试样的制备

样品采集后应尽快进行分析，尽量缩短保存时间，以提高分析结果的准确性。在野外或田间采集的样品，能够现场测定的尽量在现场完成。现场无法测试的，如在 24 h 内能送达实验室，则可放在 4 ℃ 左右的容器中运送；如超过 24 h，则需要把样品经冷冻处理后再运送至实验室。

测定鲜叶或在制品的某些生理生化成分，如酶活性检测、蛋白提取和 DNA 提取等，新鲜样品常置于加冰的保鲜盒中或液氮中，及时运回实验室处理。其余绝大部分情况需要及时固样处理，其方法如前所述，然后进行磨碎茶样的制备。

 技能训练

训练任务　磨碎试样的制备

一、材料与设备

（一）材料

按《茶 取样》（GB/T 8302—2013）规定方法取的样品。

（二）设备

（1）磨碎机：由不吸收水分的材料制成，死角尽可能小，易于清扫，使磨碎样品能够完全通过孔径为 $600 \sim 1\,000\ \mu m$ 的筛子。

（2）样品容器：应由清洁、干燥、避光、密闭的玻璃或其他不与样品发生反应的材料制成，大小以能装满磨碎试样为宜，如广口样品瓶、避光铝箔袋等。

（3）干燥器。

（4）锤子或电钻、凿子。

二、操作步骤

（1）紧压茶以外的各类茶：先用磨碎机将少量试样磨碎、弃去，再磨碎其余部分，作为待测试样。

（2）紧压茶：用锤子和凿子将紧压茶分成 $4 \sim 8$ 份，再在每份不同处取样，用锤子击碎；或用电钻在紧压茶上均匀地钻 $9 \sim 12$ 个孔，取出粉末茶样，混匀，按上述规定制备试样。

（3）样品收集：将磨碎试样尽快装入样品容器，贴上样品标签，置于干燥器中备用。

（4）磨碎试样干物质测定：干物质是指茶叶样品在一定恒温下，充分干燥后，余下的有机物的质量。磨碎试样干物质含量测定方法可参考任务三。

三、结果记录

将实验相关数据填入表 2-2 中。

表 2-2 磨碎试样操作记录表

日期：   操作人：

试样编号	样品名称	样品等级	磨碎试样质量/g	干物质含量/%

注意事项

（1）**磨碎机最初磨碎后的少量试样要弃去。** 收集弃去少量磨碎试样的部分，这是因为磨碎机工作部件为含铁磨盘，最初磨碎的试样中可能会有铁锈及磨碎机中未清理干净的其他茶末，混入样品，会影响测试结果。

（2）**紧压茶用锤子和凿子取样。** 紧压茶一般比较粗老或紧实，需借助工具取样，一般用锤子和凿子取样并击碎，或用电钻钻取粉末茶样，样品需混匀后再磨碎，以避免样品出现不均匀现象。

（3）**干物质含量测定。** 干物质含量测定可结合水分测定一起完成，但需要注意的是，在重复条件下，同一样品取两次测定的算术平均值作为结果（保留小数点后 1 位），且获得的两次测定结果的绝对差值不超过算术平均值的 5%。

项目二　茶叶品质成分检测

项目提要

　　茶叶是一种色、香、味、形兼具的绝佳饮料，以其独特的外形、清澈的汤色、浓郁的香气、甘醇的滋味和明亮的叶底萦绕着消费者的视觉、嗅觉和味觉神经，不仅是物质上的享受，更是精神上的一种享受。茶叶的品质成分复杂，各种成分对其色、香、味品质有着积极的贡献。因此，本项目设计了12个检测任务，以探索这些成分与茶叶品质的关系。

任务三　茶叶中水分的测定

学习目标

　　理解水分与茶叶品质的关系；掌握茶叶中水分测定的原理及方法，熟练地应用烘箱、天平、干燥器等检测茶叶中水分含量；应用国家标准方法测定茶叶水分，养成茶叶检验的标准化意识。

知识准备

一、水分与茶叶品质的关系

　　水分是茶鲜叶的重要成分之一，一般占鲜叶总质量的75％左右，并随着芽叶着生部位、采摘季节、气候条件、管理措施及茶树品种的不同而有差异。在茶叶中，水分含量（又称为含水率）因加工工艺的进行而逐渐减少。

　　茶叶中的水分含量对其品质影响很大。许多研究表明，当茶叶中的水分含量为3％左右时，茶叶成分与水分子呈单层分子关系，对脂质与空气中的氧分子起较好的隔离作用，阻止脂质的氧化变质。

　　但当水分含量超过一定数量后，情况大变，不但不能起保护膜的作用，反而起溶剂作用。溶剂的特性是使溶质扩散，加剧反应。当茶叶中的水分含量超过7％时，会使茶叶中的化学变化十分激烈，如叶绿素变性、分解，色泽变褐变深；茶多酚、氨基酸等呈味物质迅速减少；组成新茶香气的二甲硫、苯乙醇等芳香物质锐减，而对香气不利的挥发性成分大量增加，导致茶叶品质变劣。因此，水分含量是茶叶质量的一项重要化学指标，成品茶的水分含量必须控制在7%以下（特殊除外），超过此限度则要复火烘干，才能保存。

不同茶类水分含量标准见表3-1。

表3-1　不同茶类水分含量标准

茶类		水分含量/%
绿茶、红茶、乌龙茶		≤7.0
茉莉花茶		≤8.5
白茶	散白茶	≤7.0
	紧压白茶	≤8.5
黄茶	芽型、芽叶型	≤6.5
	多叶型	≤7.0
	紧压型	≤9.0
黑茶	散茶	≤12.0
	紧压茶	≤15.0

二、茶叶水分的检测

水分测定是茶叶的常规、必检项目，水分测定有直接测定法和间接测定法两大类。

（1）直接测定法。一般采用烘干、化学干燥、蒸馏提取或其他物理方法去除样品中的水分，再通过称量等手段获得分析结果。

（2）间接测定法。根据一定条件下样品的某些物理性质与其水分含量的高低存在一定的函数关系，从而通过函数计算确定其含量。卡尔·费休法、气相色谱法、微波法、红外光谱法等都属于间接测定法。

一般来说，直接测定法的准确度高于间接测定法。

目前，茶叶水分通常采用《食品安全国家标准 食品中水分的测定》（GB 5009.3—2016）"第一法 直接干燥法"进行测定，即用烘箱直接测定。该方法是利用食品中水分的物理性质，在一个大气压、温度为101～105 ℃下采用挥发方法测定样品中干燥减失的质量，包括吸湿水、部分结晶水和该条件下能挥发的物质，再通过干燥前后的称量数值计算出水分的含量。

该方法设备简单，操作简便，结果准确、稳定，常用于茶叶的教学、科研、生产及流通领域。

 技能训练

训练任务　茶叶水分的测定

一、材料与设备

（一）材料

按本书"任务二　取样与磨碎试样的制备"要求准备的试样。

（二）设备

（1）扁形铝制或玻璃制称量瓶。

（2）电热恒温干燥箱。

（3）干燥器，内附有效干燥剂。

（4）天平，感量为 0.1 mg。

二、操作步骤

取洁净扁形铝制或玻璃制的称量瓶，置于温度为 101～105 ℃的电热恒温干燥箱中，瓶盖斜支于瓶边，加热 1.0 h，取出盖好，置干燥器内冷却 0.5 h，称量，并重复干燥至前后两次质量差不超过 2 mg，即为恒重。

称取 2～10 g 试样（精确至 0.000 1 g）放入此称量瓶中，试样厚度不超过 5 mm，如为疏松试样，厚度不超过 10 mm，加盖，精密称量后，置于温度为 101～105 ℃的电热恒温干燥箱中，瓶盖斜支于瓶边，干燥 2～4 h 后，盖好取出，放入干燥器内冷却 0.5 h 后称量。然后放入温度为 101～105 ℃的电热恒温干燥箱中干燥 1 h 左右，取出，放入干燥器内冷却 0.5 h 后再称量，并重复以上操作至前后两次质量差不超过 2 mg，即为恒重。

三、结果计算

试样中的水分含量，按下式进行计算：

$$X = \frac{m_1 - m_2}{m_1 - m_3} \times 100$$

式中 X——试样中的水分含量，单位为克每百克 [g/(100 g)]；

m_1——称量瓶和试样的质量，单位为克（g）；

m_2——称量瓶和试样干燥后的质量，单位为克（g）；

m_3——称量瓶的质量，单位为克（g）；

100——单位换算系数。

水分含量≥1 g/(100 g) 时，计算结果保留三位有效数字；水分含量＜1 g/(100 g) 时，计算结果保留两位有效数字。

四、结果记录

将实验相关数据填入表 3-2 中。

表 3-2 茶叶水分测定记录表

日期：   操作人：

主要仪器信息	电热恒温干燥箱型号		
	分析天平型号		
称量记录		重复1	重复2
称量瓶恒重称量 m_3/g	第1次		
	第2次		
	第3次		

续表

称量瓶和试样的质量 m_1/g			
称量瓶和试样 干燥后恒重称量 m_2/g	第 1 次		
	第 2 次		
	第 3 次		
	第 4 次		
水分含量 X/ $[g \cdot (100g)^{-1}]$			
水分含量平均值/ $[g \cdot (100g)^{-1}]$			

注意事项

（1）在恒重称量中，两次恒重值在最后计算中，取质量较小的一次称量值。

（2）实验结果精密度：在重复性条件下获得的两次独立测定结果的绝对差值不得超过算术平均值的 10%。

（3）当测定出茶叶中的水分含量后，即可按下式计算出其干物质含量：

$$干物质含量 \ [g/(100 \ g)] = 100 - X = \frac{m_2 - m_3}{m_1 - m_3} \times 100$$

（4）上述干燥法测定茶叶含水率准确，是国家标准方法，但耗时长，在生产上可用 120 ℃ 快速烘干法或远红外自动水分测定仪法，以快速获得生产过程中的水分数据。

1）120 ℃ 快速烘干法：称取磨碎试样 5 g（精确至 0.001 g，m），移入质量已知的称量皿及皿盖（m_1），将称量皿及皿盖置于（120 ± 2）℃ 的烘箱中，皿盖斜支于皿边，加热 1 h，加盖取出，于干燥器中冷却后称量（m_2），代入下式进行计算：

$$X = \frac{m + m_1 - m_2}{m} \times 100$$

2）远红外自动水分测定仪法：在预热好的远红外自动水分测定仪称量盘中均匀加入磨碎试样 5 g（精确至 0.001 g，设备自动读数），调节加热温度为 120 ℃，开启自动测定模式，开始测定，当每分钟测定含水率增加值不高于 0.1% 时，仪器自动停止测定，并在仪器显示屏上自动读出干物质（%）和水分（%）。

任务四　茶叶中叶绿素含量的测定

学习目标

理解茶叶中叶绿素的基本性质；理解叶绿素与茶叶品质的关系；掌握叶绿素测定的原理及方法，熟悉可见分光光度计的使用，并熟练地利用可见分光光度计测定茶叶中的叶绿素含量；通过小组协作完成本任务，养成良好的团队协作意识和严谨的科学态度。

一、叶绿素概述

叶绿素（Chlorophyll）是广泛存在于植物界中的一类绿色素，属于吡咯类绿色色素成分，是由甲醇、叶绿醇（植醇）和叶绿酸构成的二醇酯。叶绿素存在于植物叶片细胞中，并与蛋白质结合成叶绿体，参与植物的光合作用。

叶绿素包括叶绿素 a、叶绿素 b、叶绿素 c 和叶绿素 d。所有绿色植物都含叶绿素 a，高等植物、绿藻类含叶绿素 a 和叶绿素 b，硅藻、褐藻含叶绿素 c，红藻含叶绿素 d。因此，茶树含叶绿素 a 和叶绿素 b 两种，其中叶绿素 a 与叶绿素 b 在结构上的差异很小，叶绿素 a 的 Ⅱ 环上的 R 基团为一个甲基（—CH_3），而叶绿素 b 的 Ⅱ 环上的 R 基团为一个甲醛基（—CHO），其他部分完全相同（图 4-1）。

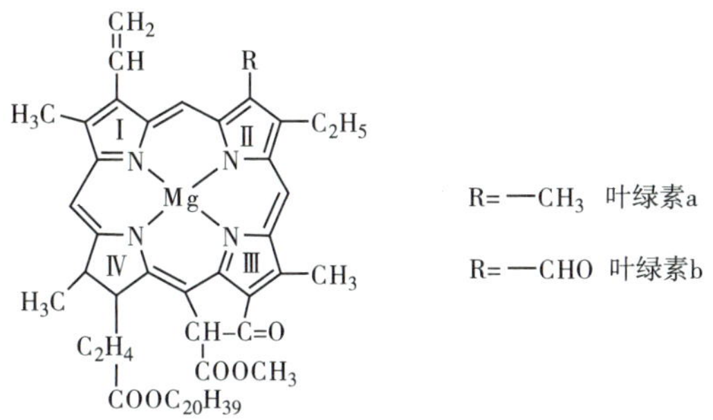

图 4-1　叶绿素分子结构式

叶绿素 a：分子式为 $C_{55}H_{72}O_5N_4Mg$，分子量为 893.51，纯粹的叶绿素 a 是黄黑色的粉末，其乙醇溶液呈蓝绿色。

叶绿素 b：分子式为 $C_{55}H_{70}N_4O_6Mg$，分子量为 907.49，为深绿色粉末，它的乙醇溶液呈绿色或黄绿色。

两者都易溶于乙醇、乙醚、丙酮、氯仿等溶剂。

二、叶绿素与茶叶品质的关系

茶叶中叶绿素含量占干质量的 0.24%～0.85%，并且叶绿素总量因茶树品种、栽培条件、生产季节、叶片成熟度等不同而差异较大。老叶含量高，嫩叶含量低；叶色深绿的茶树品种含量较高，叶片为黄绿色、黄化或白化的茶树品种含量较低。

茶树鲜叶中的叶绿素 a 与叶绿素 b 的比例为（2～3）∶1，不同品种间有较大差异，是形成绿茶干茶色泽和叶底色泽的主要物质。

叶绿素的组成及含量对茶叶品质有一定的影响。一般而言，加工绿茶以叶绿素含量高的品种为宜，在组成上以叶绿素 b 的比例大为宜。而红茶、乌龙茶、白茶、黄茶等对叶绿素含量的要求比绿茶低。

叶绿素很不稳定，对光、热敏感。在酸性条件下，叶绿素中的镁原子可以被氢原子所取代，形成灰褐色至黑褐色的脱镁叶绿素，从而影响茶叶的干茶色泽和叶底色泽。

三、叶绿素的检测

叶绿素是脂溶性色素，可用丙酮提取，使之溶出，利用其在 640～670 nm 波长范围有特异性吸收光谱，以及吸光度与浓度符合朗伯-比尔定律的关系，可以计算出叶绿素的含量。

由于茶叶中的叶绿素是由叶绿素 a 和叶绿素 b 组成的，它们的光谱吸收峰有明显的差异，而吸收曲线又有些重叠。其中，叶绿素 a 的最大吸收峰为 663 nm，叶绿素 b 的最大吸收峰为 645 nm，如图 4-2 所示。

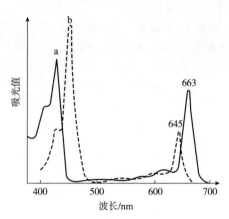

图 4-2　叶绿素的吸收光谱曲线

此时，要分别测定两种组分，可根据朗伯-比尔定律。最大吸收光谱峰不同的两个组分的混合液，它们的浓度（C）与吸光度（E）之间有如下关系：

$$E_1 = C_a \times K_{a1} + C_b \times K_{b1} \tag{4-1}$$

$$E_2 = C_a \times K_{a2} + C_b \times K_{b2} \tag{4-2}$$

式中　C_a——组分 a 的浓度（g/L）；

C_b——组分 b 的浓度（g/L）；

E_1——在波长 λ_1（组分 a 的最大吸收光谱峰波长）时，混合液的吸光度；

E_2——在波长 λ_2（组分 b 的最大吸收光谱峰波长）时，混合液的吸光度；

K_{a1}——组分 a 的比吸收系数，组分 a（浓度为 1.0 g/L 时）在波长 λ_1 时的吸光度；

K_{b2}——组分 b 的比吸收系数，组分 b（浓度为 1.0 g/L 时）在波长 λ_2 时的吸光度；

K_{a2}——组分 a 的比吸收系数，组分 a（浓度为 1.0 g/L 时）在波长 λ_2 时的吸光度；

K_{b1}——组分 b 的比吸收系数，组分 b（浓度为 1.0 g/L 时）在波长 λ_1 时的吸光度。

研究结果表明，叶绿素 a 和叶绿素 b 在 80% 的丙酮中，当浓度均为 1.0 g/L 时，比吸收系数（K）见表 4-1。

表 4-1　叶绿素的比吸收系数

波长/nm	叶绿素 a	叶绿素 b
663	82.04	9.27
645	16.75	45.60

将表中数据代入式（4-1）、式（4-2），得

$$E_{663}=82.04 \times C_a+9.27 \times C_b$$

$$E_{645}=16.75 \times C_a+45.60 \times C_b$$

经过整理之后，并将叶绿素含量单位改为 mg/L，即可得到

$$C_a=12.72 \times E_{663}-2.59 \times E_{645} \tag{4-3}$$

$$C_b=22.88 \times E_{645}-4.67 \times E_{663} \tag{4-4}$$

$$C_t=C_a+C_b=8.05 \times E_{663}+20.29 \times E_{645} \tag{4-5}$$

式中　C_t、C_a、C_b——溶液中叶绿素总量、叶绿素 a、叶绿素 b 的浓度（mg/L）。

进一步根据溶液稀释倍数，即可计算出茶叶中的叶绿素含量。

 **技能训练**

训练任务　丙酮法测定茶叶中的叶绿素含量

一、材料、设备与试剂

（一）材料

按本书"任务二　取样与磨碎试样的制备"要求准备的试样；或茶鲜叶（需剪成小碎片）等。

（二）设备

真空泵、抽滤装置、天平（感量为 1 mg）、玻璃研钵、分光光度计等。

（三）试剂

丙酮、石英砂、碳酸钙、聚乙烯吡咯烷酮（PVP）等。

二、操作步骤

1. 取样

称取样品 1 g（质量记录为 M，精确至 0.001 g），置于玻璃研钵中。

2. 提取

在玻璃研钵中加入 0.05 g 的碳酸钙（其目的是中和细胞液的酸性，起到保护叶绿素的作用）和 1.0 g 的石英砂（其目的是破坏果胶质，加强细胞破碎度），然后加入聚乙烯吡咯烷酮（其目的是络合茶多酚，减少茶多酚对叶绿素的氧化破坏）0.3 g，再加入 5～8 mL 80% 的丙酮，研磨样品呈绿色匀浆。静置片刻，小心地将上层叶绿素提取液沿着玻璃棒移至抽滤装置的砂芯漏斗中，减压抽滤。抽滤转移时，应尽量避免茶叶倒入漏斗。再次在研钵中加入 5～8 mL 80% 的丙酮，重复研磨抽提，直至提取液无色或残渣呈浅黄色为止。用少量 80% 的丙酮洗涤残渣、研钵和漏斗，将滤液和洗涤液转移至 100 mL 棕色容量瓶中，并用 80% 的丙酮定容至刻度。吸取 10 mL 上述待测液于 25 mL 棕色容量瓶中，用 80% 丙酮定容至刻度，进行比色测定。

3. 测定

以 80% 的丙酮液作为空白，用 1 cm 比色皿分别测定测试液在 663 nm 和 645 nm 处的吸光度。

三、结果计算

根据式（4-3）、式（4-4）、式（4-5），通过稀释倍数推算，即可分别计算出叶绿素 a、叶绿素 b 及叶绿素总量：

$$叶绿素\ a\ (mg/g) = \frac{12.72 \times E_{663} - 2.59 \times E_{645}}{1\,000 \times M \times (100 - X)} \times 100 \times \frac{25 \times 100}{10}$$

$$叶绿素\ b\ (mg/g) = \frac{22.88 \times E_{645} - 4.67 \times E_{663}}{1\,000 \times M \times (100 - X)} \times 100 \times \frac{25 \times 100}{10}$$

$$叶绿素总量(mg/g) = 叶绿素\ a + 叶绿素\ b = \frac{8.05 \times E_{663} + 20.29 \times E_{645}}{1\,000 \times M \times (100 - X)} \times 100 \times \frac{25 \times 100}{10}$$

式中　E_{663}、E_{645}——混合液分别在 663 nm 和 645 nm 处的吸光度；

M——测试样品质量，单位为克（g）；

X——测试样品水分，单位为克每百克 [g/(100 g)]；

10、25、100、1 000——单位换算系数。

计算结果保留两位有效数字。

四、结果记录

将实验相关数据填入表 4-2 中。

表 4-2　茶叶叶绿素含量测定记录表

日期：　　　　　　　　　　　　　　　　　　　　　　　　　　　　　　操作人：

主要仪器信息	分光光度计型号		
	分析天平型号		
项目		**重复 1**	**重复 2**
样品质量 M/g			
样品水分 X/[g · (100 g)$^{-1}$]			
E_{663}			
E_{645}			
叶绿素 a/(mg · g^{-1})			
叶绿素 a 平均值/(mg · g^{-1})			
叶绿素 b/(mg · g^{-1})			
叶绿素 b 平均值/(mg · g^{-1})			
叶绿素总量/(mg · g^{-1})			
叶绿素总量平均值/(mg · g^{-1})			

注意事项

（1）在操作过程中，因丙酮等为易挥发有机溶剂，叶绿素的制备应在通风橱内进行；测试完毕后的废液应暂时贮存于有机废液收集桶内，不可排入下水道。

（2）在研钵中加入碳酸钙、石英砂、聚乙烯吡咯烷酮，目的均是尽可能确保叶绿素不被破坏，确保测定结果的真实性。因此，碳酸钙、石英砂、聚乙烯吡咯烷酮等几种物质不可忽略。

（3）叶绿素在光下容易分解，因此，叶绿素丙酮溶液宜采用棕色容量瓶定容，以避免叶绿素见光氧化。

（4）茶叶用丙酮研磨时，动作要轻快，以尽快将叶绿素从茶叶中提取、过滤出来，但要注意避免样品洒落损失，造成结果不准确。

（5）由于叶绿素a和叶绿素b的吸收光谱峰很陡，若仪器波长稍有偏差，就会对测定结果产生较大的误差。因此，最好在测量之前对分光光度计波长进行校正。

（6）定容后应及时进行比色测定。研究显示，定容后2~3 h比色，测定的结果较正常值偏低3.8%~22.6%。

任务五　茶叶中茶多酚含量的测定

 学习目标

理解茶多酚的基本性质、保健作用，以及与茶叶品质的关系；掌握茶多酚含量测定的原理及方法，熟悉可见分光光度计的使用，熟练地应用可见分光光度计测定茶叶中的茶多酚含量；应用国家标准方法测定茶叶中茶多酚的含量，养成茶叶检验的标准化意识，以维护茶叶品质。

知识准备

一、茶多酚概述

茶多酚是一类存在于茶树中的多元酚的混合物，又称为茶鞣质、茶单宁，主要可分为儿茶素（黄烷醇类）、黄酮及黄酮醇类、花青素及花白素类、酚酸及缩酚酸等。

在茶鲜叶中，茶多酚的含量一般为18%~36%（干质量），浸出率大，是构成茶汤滋味和浓度的主体成分，与茶树的生长发育、新陈代谢和茶叶品质关系非常密切。

茶多酚可进一步发生氧化，其氧化程度与其他茶类品质密切相关。氧化形成的产物有茶黄素和茶红素等，是红茶汤色红的主体，同时也是红茶滋味厚度、强度的主体。

研究显示，茶多酚作为一种天然有机抗氧化剂，具有清除自由基、抗癌症突变和辅助治疗等功能，具有较高的营养和保健价值。在食品保鲜应用方面，茶多酚可与壳聚糖复配使用减缓肉品失色、与柠檬酸和L-半胱氨酸协同改善南美白对虾感官品质、促进 V_E 增效、抑制鱼脂肪的分解和氧化等。在医疗保健应用方面，茶多酚可用来清除肾脏中免疫反应活性氧、保护动脉硬化等。在日用化学品中，茶多酚用于化妆品、洗净剂、牙膏等产品中，有助于减缓人体衰老、促进肠胃消化、增强骨质形成、防抗辐射癌症等。因此，茶多酚具有突出的保护功效，受到人们的广泛重视。

二、茶多酚的检测

茶多酚含量的高低，不仅是茶叶及茶多酚制品（茶饮料、茶食品、保健品）质量的重要指

标，也可衡量其保健价值，还用于茶树茶多酚代谢的生理调控机制研究。因此，建立准确、高效的茶多酚检测方法非常重要。目前，茶多酚总量测定方法包括滴定法、分光光度法、近红外光谱法和电化学分析方法等。其中，分光光度法测定茶多酚具有方法简便、快速的特点，且重现性好，容易掌握。

分光光度法测定茶多酚常用的方法是酒石酸亚铁法和福林酚法。其中，福林酚法是测定茶叶及茶制品中茶多酚含量的现行国家标准方法，其原理是茶叶磨碎样品中的茶多酚用 70% 的甲醇水溶液在 70 ℃ 的水浴上提取，福林酚试剂（主要成分为磷钨酸和磷钼酸）在碱性条件下氧化茶多酚中－OH 基团并显蓝色，其最大吸收波长为 765 nm，再用没食子酸做校正标准，根据标准曲线定量茶多酚。

 **技能训练**

训练任务 福林酚法测定茶叶中的茶多酚含量

一、材料、设备与试剂

（一）材料

按本书"任务二 取样与磨碎试样的制备"要求准备的试样。

（二）设备

天平（感量分别为 0.01 g 和 0.000 1 g）、分光光度计、恒温水浴锅、低速离心机、移液管、容量瓶〔10、100、250、500（mL）〕、10 mL 离心管、10 mL 具塞刻度试管等。

（三）试剂

（1）70% 的甲醇水溶液。

（2）10% 的福林酚（Folin-Ciocalteu）试剂（现配）：准确吸取福林酚试剂（1 mol/L）于 200 mL 容量瓶中，用水定容并摇匀。

（3）7.5% 的碳酸钠（Na_2CO_3）溶液：称取（37.50±0.01）g 碳酸钠，加入适量水溶解，转移至 500 mL 容量瓶中，定容至刻度，摇匀（室温下可保存 1 个月）。

（4）没食子酸标准储备溶液（1 000 μg/mL）：称取（0.110±0.001）g 没食子酸（GA，相对分子质量为 188.14），转移至 100 mL 容量瓶中溶解并定容至刻度，摇匀（现配）。

（5）没食子酸工作液：用移液管分别移取 1.0、2.0、3.0、4.0、5.0（mL）没食子酸标准储备溶液于 100 mL 容量瓶中，分别用水定容至刻度，摇匀，浓度分别为 10、20、30、40、50（μg/mL）。

二、操作步骤

1. 供试液的制备

（1）母液制备。称取 0.2 g（精确至 0.000 1 g）均匀磨碎的试样于 10 mL 离心管中，加入在 70 ℃ 恒温水浴锅中预热过的 70% 甲醇水溶液 5 mL，用玻璃棒充分搅拌均匀，立即移入 70 ℃ 的恒温水浴锅中，浸提 10 min（隔 5 min 搅拌一次），浸提后冷却至室温，转入离心机以 3 500 r/min 的转速离心 10 min，将上清液转移至 10 mL 容量瓶中。残渣再用 5 mL 的 70% 甲醇水溶液提取一次，重复以上操作。合并提取液定容至 10 mL，摇匀，备用（该提取液在 4 ℃ 下可至多保存 24 h）。

（2）测试液制备。移取母液 1.0 mL 于 100 mL 容量瓶中，用水定容至刻度，摇匀，待测。

2. 测定

（1）测定。用移液管分别移取系列没食子酸工作液、水（做空白对照）及测试液各 1.0 mL 于 10 mL 具塞刻度试管内，在每个试管内分别加入 5.0 mL 的 10％福林酚试剂，摇匀。反应 3～8 min，加入 4.0 mL 的 7.5％Na_2CO_3溶液，摇匀。室温下放置 60 min。用 10 mm 比色皿，在 765 nm 波长条件下用分光光度计测定吸光度（A）。

（2）标准曲线制作。根据没食子酸工作液的吸光度（A）与各工作溶液的没食子酸浓度，制作标准曲线。以没食子酸浓度（μg/mL）为横坐标、对应的吸光度（A）为纵坐标，求得线性回归方程和相关系数（r）。

三、结果计算

（一）计算方法

比较试样和标准工作液的吸光度，按下式计算：

$$茶多酚含量（\%）=\frac{A\times V\times d}{SLOPE_{Std}\times M\times W\times 10^6}\times 100$$

式中　A——样品测试液吸光度；

　　　V——样品提取液体积（10 mL）；

　　　d——稀释因子（通常 1 mL 稀释成 100 mL，则其稀释因子为 100）；

　　　$SLOPE_{Std}$——没食子酸标准曲线的斜率；

　　　W——样品干物质含量（质量分数）（％）；

　　　M——样品质量（g）。

（二）重复性

同一样品的两次测定值之差，每 100 g 试样不得超过 0.5 g，若测定值相对误差在此范围内，则取两次测定值的算术平均值为结果，保留小数点后一位。

四、结果记录

将实验相关数据填入表 5-1 中。

表 5-1　茶叶中茶多酚含量测定记录表

日期：　　　　　　　　　　　　　　　　　　　　　　　　　　　　　　　　　操作人：

主要仪器信息	分光光度计型号		
	分析天平型号		
项目		**重复 1**	**重复 2**
样品质量 M/g			
样品干物质含量 W（质量分数）/％			
样品提取液体积 V/mL			
稀释因子 d			
样品测试液吸光度 A			
标准曲线			

续表

没食子酸浓度/$(\mu g \cdot mL^{-1})$	0	10	20	30	40	50
吸光度 A						
没食子酸标准曲线						
相关系数 r						
标准曲线斜率 $SLOPE_{Std}$						
样品中茶多酚含量/%						
平均值/%						

注意事项

（1）在操作过程中，因甲醇为易挥发有机溶剂，沸点较低，具有一定毒性，因此，供试液的浸提制备应在通风橱内进行；测试完毕后的废液应倒入有机废液收集桶内暂存，不可排入下水道。

（2）样品吸光度应在没食子酸标准工作曲线的校准范围内，若样品吸光度高于 50 $\mu g/mL$ 浓度的没食子酸标准工作溶液的吸光度，则应重新配置高浓度没食子酸标准工作液进行校准。

任务六　茶叶中儿茶素的测定

学习目标

理解茶叶中儿茶素的分类及性质，掌握儿茶素与茶叶品质的关系；掌握茶叶中的儿茶素含量测定的原理及方法，熟悉分光光度计和液相色谱仪的使用，熟练地应用分光光度计测定茶叶中儿茶素的总量，熟练地应用液相色谱仪测定茶叶中儿茶素的组分；通过茶叶中儿茶素组分的测定，养成遵守实验室规定、维护环境安全和爱护精密仪器的良好意识，并确保试验结果准确、可靠。

知识准备

一、儿茶素概述

儿茶素（Catechins）属于黄烷醇类化合物，占茶叶干物质质量的 12%～24%，是茶叶中多酚类物质的主体成分，其含量占茶多酚总量的 70%～80%，对茶叶的色、香、味品质的形成具有重要作用。

（一）儿茶素的分类

茶叶中的儿茶素是 2-苯基苯并吡喃的衍生物，其基本结构包括 A、B 和 C 三个基本环核。根据儿茶素 B 环、C 环上连接基团的不同，以及顺反异构，可将其分为儿茶素（catechin，C）、表儿茶素（epicatechin，EC）、没食子儿茶素（gallocatechin，GC）、表没食子儿茶素（epigallo-catechin，EGC）、儿茶素没食子酸酯（catechin gallate，CG）、表儿茶素没食子酸酯（epicatechin gallate，ECG）、没食子儿茶素没食子酸酯（gallocatechin gallate，GCG）和表没食子儿茶素没食子酸酯（epigallocatechin gallate，EGCG）等。其中，前四者称为非酯型儿茶素或简单儿茶素，后四者称为酯型儿茶素或复杂儿茶素。茶叶中的儿茶素以顺式结构为主（表6-1）。

表 6-1　儿茶素的分类

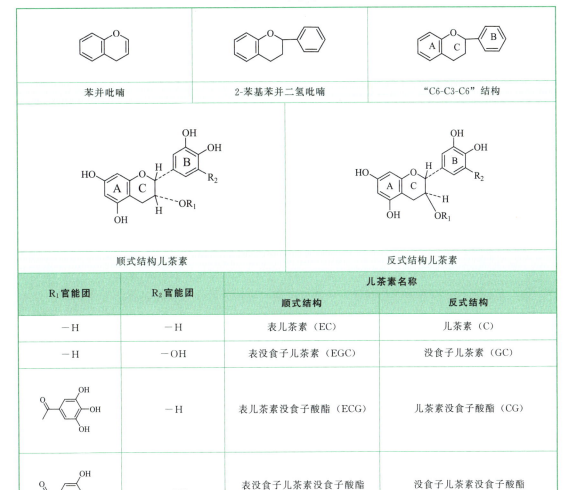

苯并吡喃	2-苯基苯并二氢吡喃	"C6-C3-C6" 结构

顺式结构儿茶素		反式结构儿茶素	

| R₁官能团 | R₂官能团 | 儿茶素名称 | |
		顺式结构	反式结构
—H	—H	表儿茶素（EC）	儿茶素（C）
—H	—OH	表没食子儿茶素（EGC）	没食子儿茶素（GC）
(没食子酰基)	—H	表儿茶素没食子酸酯（ECG）	儿茶素没食子酸酯（CG）
(没食子酰基)	—OH	表没食子儿茶素没食子酸酯（EGCG）	没食子儿茶素没食子酸酯（GCG）

（二）儿茶素与茶叶品质的关系

1. 儿茶素是绿茶汤苦涩味的主体

儿茶素，特别是酯型儿茶素，其组合和浓度不仅是构成苦涩味的主体，也是茶汤浓淡、茶叶优劣的主体物。酯型儿茶素是茶叶涩味的主体，而非酯型儿茶素稍有涩味，收敛性弱，回味爽。酯型儿茶素比非酯型儿茶素的阈值低，较低的阈值有利于被人体味觉感知，从而对构建茶汤滋味起到较大作用（表6-2）。

表 6-2　儿茶素的呈味阈值

组分	苦味阈值/($\mu mol \cdot L^{-1}$)	涩味阈值/($\mu mol \cdot L^{-1}$)
C	860	690
EC	860	860
GC	1 630	330
EGC	1 630	260
CG	170	115
ECG	180	135
GCG	330	220
EGCG	220	160

2. 儿茶素的氧化程度与其他茶类品质密切相关

儿茶素氧化形成的茶黄素、茶红素是红茶汤色红的主体，同时，也是红茶汤厚度、强度的主体；茶红素与蛋白质结合形成红色叶底。

3. 儿茶素的自动氧化是绿茶贮藏中陈化现象的主因之一

在常温常压下，绿茶久置后，由绿色变为黄色，汤色由绿色变成黄红色，这些均与儿茶素的自动氧化有关。

二、儿茶素的性质

（1）溶解性：儿茶素为白色固体，亲水性较强，易溶于热水和含水乙醇、含水乙醚、含水丙酮等溶剂，但在苯、氯仿、石油醚等溶剂中很难溶解。

（2）吸收光谱：儿茶素在可见光下不显颜色，在短波紫外光下呈黑色，在 225 nm、280 nm 处有最大吸收光谱峰。

（3）显色反应：可用于儿茶素含量检测，儿茶素分子中的间位羟基与香荚兰素在强酸条件下生成红色物质；酚类显色剂（如氨制硝酸银、磷钼酸等）均可与儿茶素反应生成黑色或蓝色物质。

（4）沉淀反应：与金属离子发生络合反应，如 Ag^+、Hg^{2+}、Cu^{2+}、Pb^{2+}、Fe^{3+}、Ca^{2+} 等。

（5）氧化反应：在儿茶素的结构中存在酚性羟基，尤其是 B 环上的邻位、连位羟基极易氧化聚合，易被 $KMnO_4$ 氧化，易被茶鲜叶中的多酚氧化酶催化氧化，也可在光、高温、碱性条件下发生氧化聚合缩合，形成有色物质。

（6）异构化作用：在热作用下，一种儿茶素可转变为其对应的旋光异构体或顺反异构体。例如，在绿茶制作中，EC 可转变成 C。

三、儿茶素的检测

常使用儿茶素的显色反应原理进行其总量的检测。在强酸性条件下，儿茶素和香荚兰素络合生成橘红至紫红色产物，其显色强度与儿茶素的总量呈正比，可以此计算儿茶素的含量。该反应快速，显色灵敏度高，最小检出量可达 0.5 μg。

茶叶中儿茶素的含量也可采用液相色谱法测定，即利用色谱柱分离茶叶中的儿茶素组分，利用紫外检测器测定各种儿茶素的组成，再将各种儿茶素组分含量相加，即可得到茶叶中的儿茶素总量。该方法操作简便、精度较高，是茶叶中儿茶素含量测定的现行国家标准方法，即茶叶磨碎试样中的儿茶素类用 70% 的甲醇水溶液在 70 ℃ 水浴上提取，儿茶素类的测定使用 C_{18} 柱、检测波长 278 nm、梯度洗脱、HPLC 分析，以及用儿茶素类标准物质外标法直接定量，也可用 ISO 国际环试结果儿茶素类与咖啡碱的相对校正因子（RRF_{Std}）来定量。

 **技能训练**

训练任务一　香荚兰素比色法测定茶叶中儿茶素总量

一、材料、设备与试剂

（一）材料
按本书"任务二　取样与磨碎试样的制备"要求准备的试样。

（二）设备
（1）分析天平，感量为 0.001 g。
（2）恒温水浴锅。
（3）分光光度计。

（三）试剂
（1）95% 乙醇（分析纯）。
（2）1% 香荚兰素盐酸溶液。称取 1.000 g 香荚兰素溶于 100 mL 浓盐酸（优级纯）中，配制好的溶液呈淡黄色，如果发现变红色、蓝绿色，均属于变质，不宜采用。该试剂配好后置冰箱中可保留 1 天，不耐贮存，宜随配随用。

二、操作步骤

1. 供试液的制备
称取 0.20～0.50 g 磨碎茶样于 150 mL 的干燥三角瓶中，加入 95% 的乙醇 20 mL，在水浴上回流 30 min，提取过程中要保持乙醇的微沸，提取完毕后将试液过滤并全部转入 50 mL 的容量瓶，冷却后用 95% 的乙醇定容至刻度，摇匀后静置，待测。

2. 测定
吸取 100 μL 供试液，加入装有 0.9 mL 浓度为 95% 的乙醇刻度试管中，摇匀，再加入 1% 的香荚兰素盐酸溶液 5 mL，加塞后摇匀显出红色；同时，于另外一刻度试管中，加入 95% 的乙醇 1.0 mL，1% 的香荚兰素盐酸溶液 5 mL，加塞后摇匀静置，作为参比。放置 40 min 后，立即于 $\lambda = 500$ nm 处，用 10 mm 比色皿进行比色测定吸光度。

三、结果计算

（一）计算方法

$$儿茶素总量（mg/g）= \frac{72.84 \times A}{1000} \times \frac{V_1}{V_2 \times m \times w}$$

式中　m——磨碎试样质量（g）；
　　　A——测试液测定的吸光度；

V_1——供试液总体积（mL）；

V_2——所取测试液量（mL）；

w——试样干物率（%）；

72.84——当测定吸光度等于 1.00 时（使用 10 mm 比色皿），被测液的儿茶素含量为 72.84 μg，因此，测得的任一吸光度只要乘以 72.84，即得被测液中儿茶素的微克数。

（二）重复性

同一样品中儿茶素类总量的两次测定值相对误差应≤10%，若测定值相对误差在此范围内，则取两次测得值的算术平均值为结果，保留小数点后一位。

四、结果记录

将实验相关数据填入表 6-3 中。

表 6-3　茶叶中儿茶素含量测定记录表
（香荚兰素比色法测定茶叶中儿茶素总量）

日期：　　　　　　　　　　　　　　　　　　　　　　　　　　　　　　操作人：

主要仪器信息	分析天平型号		
	分光光度计型号		
项目		**重复 1**	**重复 2**
试样质量 m/g			
试样干物质含量 w（质量分数）/%			
试样供试液体积 V_1/mL			
所取测试液量 V_2/mL			
儿茶素	含量/(mg·g^{-1})		
	平均值/(mg·g^{-1})		

注意事项

（1）香荚兰素比色法适合测定茶鲜叶、成品茶及茶制品中儿茶素的总量。

（2）在操作过程中，因乙醇等为易挥发有机溶剂，在浸提操作时应在通风橱内进行；测试完毕后的废液中含有盐酸溶液，应倒入无机酸废液收集桶内暂存，茶叶乙醇提取液倒入有机废液收集桶内暂存，不可排入下水道。

（3）香荚兰素盐酸溶液要现配现用，正常颜色呈淡黄色，如发现变红色、蓝绿色，均属于变质，不宜采用。

训练任务二　液相色谱法测定茶叶中的儿茶素组分

一、材料、设备与试剂

（一）材料

按本书"任务二　取样与磨碎试样的制备"要求准备的试样。

（二）设备

（1）分析天平：感量为 0.000 1 g。

（2）高效液相色谱仪（HPLC）：包含梯度洗脱、紫外检测器及色谱工作站。

（3）恒温水浴锅、低速离心机、移液管、10 mL 离心管、10 mL 具塞刻度试管等。

（三）试剂

（1）水：本实验所用水需满足《分析实验室用水规格和试验方法》（GB/T 6682—2008）规定的三级水要求。

（2）甲醇、乙酸、乙腈：均为色谱纯。

（3）70％的甲醇水溶液。

（4）乙二胺四乙酸二钠（EDTA-2Na）溶液：10 mg/mL（现配）。

（5）抗坏血酸溶液：10 mg/mL（现配）。

（6）稳定溶液：分别将 25 mL EDTA-2Na 溶液、25 mL 抗坏血酸溶液、50 mL 乙腈加入 500 mL 的容量瓶中，用水定容至刻度，摇匀。

（7）液相色谱流动相。

1）流动相 A：分别将 90 mL 乙腈、20 mL 乙酸、2 mL EDTA-2Na 溶液加入 1 000 mL 的容量瓶中，用水定容至刻度，摇匀。

2）流动相 B：分别将 800 mL 乙腈、20 mL 乙酸、2 mL EDTA-2Na 溶液加入 1 000 mL 的容量瓶中，用水定容至刻度，摇匀。

流动相 A 和流动相 B 均需通过 0.45 μm 有机相滤膜过滤、超声波脱气后，方可用于色谱分析。

（8）标准储备溶液。

1）咖啡碱储备溶液：2.00 mg/mL。

2）没食子酸（GA）储备溶液：0.100 mg/mL。

3）儿茶素类储备溶液：儿茶素（D，L-C）1.00 mg/mL、表儿茶素（EC）1.00 mg/mL、表没食子儿茶素（EGC）2.00 mg/mL、表没食子儿茶素没食子酸酯（EGCG）2.00 mg/mL、表儿茶素没食子酸酯（ECG）2.00 mg/mL。

（9）标准工作溶液：用稳定溶液配制。

标准工作溶液浓度范围：没食子酸（GA）5～25 μg/mL、咖啡碱 50～150 μg/mL、儿茶素（D，L-C）50～150 μg/mL、表儿茶素（EC）50～150 μg/mL、表没食子儿茶素（EGC）100～300 μg/mL、表没食子儿茶素没食子酸酯（EGCG）100～400 μg/mL、表儿茶素没食子酸酯（ECG）50～200 μg/mL。

二、操作步骤

1. 供试液的制备

（1）母液制备。称取 0.2 g（精确至 0.000 1 g）均匀磨碎的试样于 10 mL 离心管中，加入在 70 ℃恒温水浴锅中预热过的 70％甲醇水溶液 5 mL，用玻璃棒充分搅拌均匀，立即移入 70 ℃的恒温水浴锅中，浸提 10 min（隔 5 min 搅拌一次），浸提后冷却至室温，转入离心机以 3 500 r/min 的转速离心 10 min，将上清液转移至 10 mL 容量瓶中。残渣再用 5 mL 的 70％甲醇水溶液提取一次，重复以上操作。合并提取液定容至 10 mL，摇匀，过 0.45 μm 滤膜，备用（该提取液在 4 ℃下可至多保存 24 h）。

（2）测试液制备。移取母液 2.0 mL 于 10 mL 容量瓶中，用稳定液定容至刻度，摇匀，过 0.45 μm 滤膜，待测。

2. 测定

（1）色谱条件。色谱柱为 C_{18}（粒径 5 μm，250 mm×4.6 mm）；流动相流速为 1.0 mL/min；柱温为 35 ℃；紫外检测器波长（λ）为 278 nm；进样体积为 10 μL。

儿茶素组分测定洗脱梯度见表 6-4。

表 6-4　儿茶素组分测定洗脱梯度

洗脱时间/min	流动相比例/%	
	A 相	B 相
0→10	100	0
10→25	100→68	0→32
25→35	68	32
35→	100	0

（2）测定。待流速和柱温稳定后，进行空白运行。准确吸取 10 μL 混合标准系列工作液注射入 HPLC。在相同的色谱条件下注射 10 μL 测试液，测试液对照标准样品以保留时间定性，以峰面积定量。

（3）儿茶素、咖啡碱标准样品液相色谱如图 6-1 所示。

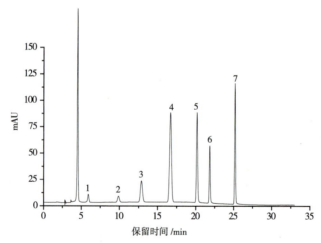

图 6-1　儿茶素、咖啡碱标准样品液相色谱
1—GA；2—EGC；3—C；4—咖啡碱；5—EGCG；6—EC；7—ECG

三、结果计算

（一）计算方法

（1）以儿茶素类标准物质定量，按式（6-1）计算：

$$C = \frac{(A - A_0) \times f_{\text{Std}} \times d \times 100}{m \times 10^6 \times w}$$ 　　　　（6-1）

（2）以咖啡碱标准物质定量，按式（6-2）计算：

$$C = \frac{A \times RRF_{Std} \times V \times d \times 100}{S_{Caf} \times m \times 10^6 \times w}$$
　　　　　　　　　　　　　　　　　　　　　　　　　　　　　　（6-2）

式中　C——儿茶素含量（%）；

　　　A——所测样品中被测成分的峰面积；

　　　A_0——所测样品空白中对应被测组分的峰面积；

　　　f_{Std}——所测成分的校正因子［浓度/峰面积，浓度单位为微克每毫升（$\mu g/mL$）］；

　　　RRF_{Std}——所测成分相对于咖啡碱的校正因子；

　　　S_{Caf}——咖啡碱标准曲线的斜率［浓度/峰面积，浓度单位为微克每毫升（$\mu g/mL$）］；

　　　V——样品提取液的体积，单位为毫升（mL）；

　　　m——样品称取量，单位为克（g）；

　　　w——样品的干物质含量（质量分数）（%）；

　　　d——稀释因子（通常为 2 mL 稀释成 10 mL，则其稀释因子为 5）。

（二）儿茶素类、GA 相对咖啡碱的校正因子

儿茶素类、GA 相对咖啡碱的校正因子见表 6-5。

表 6-5　儿茶素类、GA 相对咖啡碱的校正因子

组分名称	GA	EGC	C	EC	EGCG	ECG
RRF_{Std}	0.84	11.24	3.58	3.67	1.72	1.42

（三）儿茶素总量计算

儿茶素总量（%）$= C_C + C_{EGC} + C_{EC} + C_{EGCG} + C_{ECG}$

（四）重复性

同一样品中儿茶素类总量的两次测定值相对误差≤10%，若测定值相对误差在此范围内，则取两次测得值的算术平均值作为结果，保留小数点后两位。

四、结果记录

将实验相关数据填入表 6-6 或表 6-7 中。

表 6-6　茶叶中儿茶素含量测定记录表

（以儿茶素类标准物质定量）

日期：　　　　　　　　　　　　　　　　　　　　　　　　　　　　　　　操作人：

主要仪器信息	分析天平型号		
	液相色谱仪型号		
	色谱柱型号、规格		
项目		重复 1	重复 2
样品质量 m/g			
样品干物质含量 w（质量分数）/%			
样品提取液体积 V/mL			
吸取提取液稀释体积/mL			

	样品测试液总体积/mL		
	稀释因子 d		
分析测试数据记录			
EGC	保留时间/min		样品空白峰面积 A_0
	工作液浓度/$(\mu g \cdot mL^{-1})$		
	峰面积 A		
	标准曲线		
	标准曲线斜率 f_{Std}/$(\mu g \cdot mL^{-1})$		
	样品峰面积 A		
	含量/%		
C	保留时间/min		样品空白峰面积 A_0
	工作液浓度/$(\mu g \cdot mL^{-1})$		
	峰面积 A		
	标准曲线		
	标准曲线斜率 f_{Std}/$(\mu g \cdot mL^{-1})$		
	样品峰面积 A		
	含量/%		
EC	保留时间/min		样品空白峰面积 A_0
	工作液浓度/$(\mu g \cdot mL^{-1})$		
	峰面积 A		
	标准曲线		
	标准曲线斜率 f_{Std}/$(\mu g \cdot mL^{-1})$		
	样品峰面积 A		
	含量/%		
EGCG	保留时间/min		样品空白峰面积 A_0
	工作液浓度/$(\mu g \cdot mL^{-1})$		
	峰面积 A		
	标准曲线		
	标准曲线斜率 f_{Std}/$(\mu g \cdot mL^{-1})$		
	样品峰面积 A		
	含量/%		
ECG	保留时间/min		样品空白峰面积 A_0
	工作液浓度/$(\mu g \cdot mL^{-1})$		
	峰面积 A		
	标准曲线		
	标准曲线斜率 f_{Std}/$(\mu g \cdot mL^{-1})$		
	样品峰面积 A		
	含量/%		
	儿茶素总量/%		
	平均值/%		

表 6-7 茶叶中儿茶素含量测定记录表

（采用 ISO 国际环试结果儿茶素类与咖啡碱的相对校正因子定量）

日期：　　　　　　　　　　　　　　　　　　　　　　　　　　　　　操作人：

主要仪器信息	分析天平型号	
	液相色谱仪型号	
	色谱柱型号、规格	

项目		重复 1	重复 2
样品质量 m/g			
样品干物质含量 w（质量分数）/%			
样品提取液体积 V/mL			
吸取提取液稀释体积/mL			
样品测试液总体积/mL			
稀释因子 d			

分析测试数据记录			
咖啡碱	保留时间/min		
	工作液浓度/($\mu g \cdot mL^{-1}$)		
	峰面积 A		
	标准曲线		
	标准曲线斜率 S_{Caf}/($\mu g \cdot mL^{-1}$)		

			峰面积	RRF_{Std}
EGC	保留时间/min			
	含量/%			
C	保留时间/min			
	含量/%			
EC	保留时间/min			
	含量/%			
EGCG	保留时间/min			
	含量/%			
ECG	保留时间/min			
	含量/%			
儿茶素总量/%				
平均值/%				

注意事项

（1）在操作过程中，因甲醇等为易挥发有机溶剂，沸点较低，具有一定的毒性，因此，供试液的浸提制备应在通风橱内进行；测试完毕后的废液中含有乙腈、甲醇、乙酸等有机溶剂，应倒入有机废液收集桶内暂存，不可排入下水道。

（2）在进行液相色谱分析时，体系中的气泡会影响测试数据的稳定性，液体中的杂质可能会堵塞液相色谱的淋洗系统。因此，所有用于液相色谱分析的试液均需用 0.45 μm 以下孔径的滤膜过滤，滤液经超声波脱气后方可使用。

（3）儿茶素组分在不同品牌的 C_{18} 色谱柱上的保留时间有所差异，在对其定性时，需通过单标确定该组分的保留时间，然后进行混标制作标准曲线。

任务七　茶叶中咖啡碱含量的测定

学习目标

理解咖啡碱的基本性质和与茶叶品质的关系，熟悉紫外可见分光光度计和液相色谱仪的使用，并能熟练地使用紫外可见分光光度计、液相色谱仪测定茶叶的咖啡碱含量，养成遵守实验室规定、维护环境安全和爱护精密仪器的良好意识，并确保实验结果准确、可靠。

知识准备

一、咖啡碱概述

茶叶中的生物碱包括咖啡碱、可可碱和茶叶碱（图 7-1），其中，以咖啡碱为主。

咖啡碱即 1，3，7-三甲基黄嘌呤，又名咖啡因，因最早在咖啡豆中发现而被命名，是一种黄嘌呤生物碱化合物。

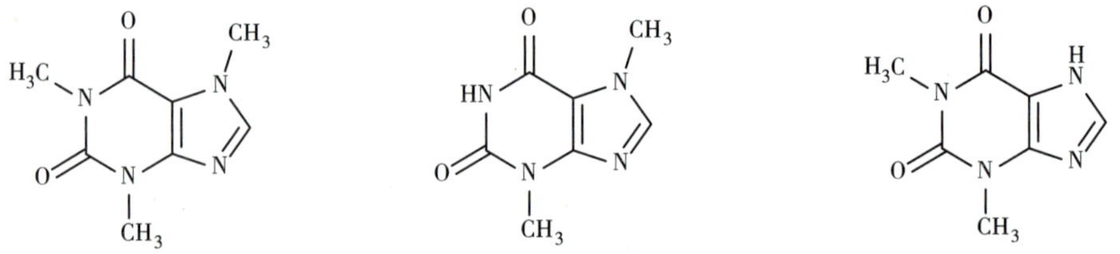

咖啡碱　　　　　　　　可可碱　　　　　　　　茶叶碱

图 7-1　生物碱结构式

咖啡碱在茶叶中的含量一般为 2%～4%，随茶树的生长条件及品种来源的不同会有所不同，遮光条件下栽培茶树咖啡碱的含量较高；老嫩茶叶之间咖啡碱的差异也很大，细嫩茶叶比粗老茶叶含量高，夏茶比春茶含量高。因此，咖啡碱含量高低是鲜叶老嫩的标志之一。

咖啡碱在茶树梢中的分布见表 7-1。

表 7-1　咖啡碱在茶树梢中的分布　　　　　　　　　　　　　　%

部位	芽	一叶	二叶	三叶	四叶	茎梗
咖啡碱含量	3.98	3.71	3.29	2.68	2.38	1.64

咖啡碱是一种无色针状结晶微带苦味的含氮化合物，当加热至 50 ℃时成为无色结晶体，加热至 120 ℃时开始升华。咖啡碱一般不溶于冷水而溶于热水，呈弱碱性。因为它在茶叶中含量很少，所以不足以造成茶叶味苦。

相反，咖啡碱常被看作影响茶叶质量的一个重要因素，其含量高低与品质成正相关。品质好的茶叶，一般咖啡碱含量也高。例如，咖啡碱能与多酚类化合物，特别是茶黄素、茶红素形成络合物，不溶于冷水而溶于热水。当茶汤冷却后，便出现乳状物质。这种现象在高级茶茶汤中尤为明显，这说明茶叶中有效化学成分含量高，是茶叶品质良好的象征。

咖啡碱的化学性质比较稳定。在制茶过程中，由于不发生氧化作用，因此，含量变化不大，只有在干燥过程中，当温度过高时，咖啡碱会因升华而损失一部分。

喝茶能兴奋人体的中枢神经，起这种兴奋作用的主体物质就是咖啡碱，很多药品，如止痛药、感冒药、强心剂、抗过敏药中都含有咖啡碱。过量摄入咖啡碱（如摄取量达到 15 mg/kg 体重以上）会出现副作用，如兴奋、利尿等，从而影响睡眠。因此，开展茶叶中咖啡碱含量的测定十分必要。

二、咖啡碱的测定

茶叶咖啡碱的测定方法有高效液相色谱法、紫外分光光度法、薄层扫描法、气相色谱法等。目前，应用较多的方法主要是紫外分光光度法和高效液相色谱法。

紫外分光光度法是利用咖啡碱结构上的嘌呤环具有的共轭双键体系，因而具有独特的吸收光谱，在波长为 272～274 nm 处具有最大吸收度。其吸光度与咖啡碱含量呈线性关系，因此，可通过吸光度求出其含量。由于茶叶中儿茶素、没食子酸等多酚类物质在该波长范围内也有很大的吸收度，因此，需要用碱式乙酸铅除去干扰物质。此方法操作简便，测定快速，检出限低，准确性和灵敏度高。

高效液相色谱法也是测定茶叶咖啡碱含量常用的方法，该方法是将茶汤中的咖啡碱与儿茶素等物质分离，然后采用光谱法在波长 280 nm 处测定其峰面积，根据咖啡碱的标准曲线求得茶汤中咖啡碱的含量，以此计算茶叶或相关制品中咖啡碱的含量。该方法样品处理简单，灵敏度高，选择性好、操作简便、快速，结果准确，能满足食品安全中对茶叶质量检测的要求，可广泛应用于咖啡碱含量的测定。

 技能训练

训练任务一　紫外分光光度法测定茶叶中的咖啡碱

一、材料、设备与试剂

（一）材料
按本书"任务二　取样与磨碎试样的制备"要求准备的试样。

（二）设备
（1）分析天平：感量为 0.000 1 g。

（2）紫外可见分光光度计。

（3）恒温水浴锅。

（4）抽滤装置。

（三）试剂

（1）碱式乙酸铅溶液。取碱式乙酸铅 50 g，加入蒸馏水 100 mL，静置过夜，倾出上清液过滤备用。

（2）4.5 mol/L 硫酸。取浓硫酸 25 mL，加入水稀释至 100 mL，摇匀。

（3）0.01 mol/L 盐酸。取 0.9 mL 浓盐酸，用水稀释到 1 L，摇匀。

（4）咖啡碱标准液。精密称取经 103 ℃ 干燥至恒重的咖啡碱 100 mg，溶于 100 mL 水中，作为母液。准确吸取母液 5 mL，加水稀释至 100 mL，即为工作液（1 mL 工作液含咖啡碱 0.05 mg）。

二、操作步骤

1. 供试液制备

称取 1.5 g（准确至 0.001 g）磨碎试样于 250 mL 锥形瓶中，加沸蒸馏水 225 mL，立即移入沸水浴，浸提 45 min（每隔 10 min 摇动一次），浸提完毕后立即趁热减压过滤，残渣用少量热蒸馏水洗涤 2~3 次。将滤液转入 250 mL 容量瓶中，冷却后用水定容至刻度，摇匀。

2. 咖啡碱标准曲线的制作

分别吸取 0、1.0、2.0、3.0、4.0、5.0、6.0（mL）咖啡碱工作液于一组 25 mL 容量瓶中，各加入 1.0 mL 0.1 mol/L 盐酸，用水稀释至刻度，混匀，用 10 mm 石英比色杯，在波长 274 nm 处，以试剂空白溶液做参比，测定吸光度（A）。

将测得的吸光度与对应的咖啡碱浓度绘制标准曲线，并求出回归方程。

3. 测定

用移液管准确吸取 10 mL 供试液至 100 mL 容量瓶中，加入 4 mL 0.01 mol/L 盐酸和 1 mL 碱式乙酸铅溶液，用水定容至刻度，混匀，静置澄清过滤。准确吸取滤液 25 mL，注入 50 mL 容量瓶中，加入 0.1 mL 4.5 mol/L 硫酸溶液，加水稀释至刻度，混匀，静置澄清过滤。用 10 mm 石英比色杯，在波长 274 nm 处，以试剂空白溶液做参比，测定其滤液的吸光度（A）。将所测吸光度值代入回归方程，计算出茶汤中咖啡碱的浓度。

三、结果计算

（一）计算方法

茶叶中咖啡碱含量以干态质量分数（％）表示，按下式进行计算：

$$X = \frac{C \times \dfrac{V}{1\,000} \times \dfrac{100}{10} \times \dfrac{50}{25}}{m \times w} \times 100$$

式中 X——试样中咖啡碱的含量，以干态质量百分数（％）表示；

C——根据试样测得的吸光度（A），以回归方程计算得出的咖啡碱浓度，单位为微克每毫升（μg/mL）；

V——供试液总体积，单位为毫升（mL）；

m——试样的质量，单位为克（g）；

w——试样干物质含量（质量百分数）（％）。

（二）重复性

符合在重复条件下同一样品获得的测定结果的绝对差值不得超过算术平均值的10％的要求，取两次测定的算术平均值作为结果，结果保留小数点后一位。

四、结果记录

将实验相关数据填入表7-2中。

表7-2　茶叶中咖啡碱含量测定记录表
（紫外分光光度法测定）

日期：　　　　　　　　　　　　　　　　　　　　　　　　　　　　　　　　操作人：

主要仪器信息	紫外分光光度计型号							
	分析天平型号							
项目		**重复1**			**重复2**			
试样质量 m/g								
试样干物质含量 w（质量分数）/％								
供试液总体积 V/mL								
供试液吸光度 A								
标准曲线								
咖啡碱标准工作液浓度/($\mu g \cdot mL^{-1}$)		0	0.1	0.2	0.3	0.4	0.5	0.6
吸光度 A								
咖啡碱标准曲线								
相关系数 r								
咖啡碱含量 X	含量/％							
	平均值/％							

训练任务二　液相色谱法测定茶叶中的咖啡碱

一、材料、设备与试剂

（一）材料

按本书"任务二　取样与磨碎试样的制备"要求准备的试样或固态速溶茶等。

（二）设备

（1）分析天平：感量为0.000 1 g。

（2）高效液相色谱仪（配备紫外检测器）。

（3）分析柱：C_{18}（ODS）柱。

（4）恒温水浴锅。

（5）抽滤装置。

（三）试剂

（1）蒸馏水。

（2）氧化镁：重质，分析纯。

（3）甲醇：色谱纯。

（4）高效液相色谱流动相：取 600 mL 甲醇倒入 1 400 mL 的蒸馏水中，混匀，过 0.45 μm 有机滤膜。

（5）咖啡碱标准液：称取 125 mg 咖啡碱（纯度不低于 99%）加乙醇：水（1∶4）溶解，定容至 250 mL，摇匀，标准储备液 1 mL 中相当于含 0.5 mg 咖啡碱。

吸取 1.0、2.0、5.0、10.0（mL）上述标准储备液，分别加水定容至 50 mL 作为系列标准工作液，每 1 mL 该系列标准工作液中，分别相当于含 10、20、50、100（μg）咖啡碱。

二、操作步骤

1. 供试液制备

称取 1.0 g（准确至 0.000 1 g）磨碎茶样或 0.5 g（准确至 0.000 1 g）固态速溶茶，置于 500 mL 烧瓶中，加入 4.5 g 氧化镁及 300 mL 沸水，于沸水浴中加热，浸提 20 min（每隔 5 min 摇动一次），浸提完毕后立即趁热减压过滤，滤液移入 500 mL 容量瓶中，冷却后，用水定容至刻度，混匀。取部分试液，通过 0.45 μm 滤膜过滤，待测。

2. 色谱条件

紫外检测器检测波长为 280 nm；流动相流速为 0.5～1.5 mL/min；柱温为 40 ℃；进样量为 10～20 μL。

3. 测定

准确吸取制备液 10～20 μL，注入高效液相色谱仪，并用咖啡碱系列标准工作液制作标准曲线，进行色谱测定。

三、结果计算

（一）计算方法

比较试样和标准样的峰面积进行定量，茶叶中咖啡碱含量以干态质量分数（%）表示，按下式进行计算：

$$X = \frac{C \times V}{m \times w \times 10^6} \times 100$$

式中　X——试样中咖啡碱的含量，以干态质量百分数（%）表示；

　　　C——根据标准曲线计算得出的测定液中咖啡碱浓度，单位为微克每毫升（μg/mL）；

　　　V——供试液总体积，单位为毫升（mL）；

　　　m——试样的质量，单位为克（g）；

　　　w——试样干物质含量（质量百分数）（%）。

（二）重复性

符合在重复条件下同一样品获得的测定结果的绝对差值不得超过算术平均值的 10% 的要求，取两次测定的算术平均值作为结果，结果保留小数点后一位。

四、结果记录

将实验相关数据填入表 7-3 中。

表 7-3　茶叶中咖啡碱含量测定记录表

（液相色谱法测定）

日期：　　　　　　　　　　　　　　　　　　　　　　　　　　　　　　操作人：

主要仪器信息	高效液相色谱仪型号				
	分析柱型号、尺寸				
	分析天平型号				
分析条件	流动相流速/(mL·min^{-1})				
	进样体积/μL				
	柱温/℃				
项目		**重复1**		**重复2**	
试样质量 m/g					
试样干物质含量 w（质量分数）/%					
供试液总体积 V/mL					
供试液峰面积/S					
标准曲线					
咖啡碱标准工作液浓度/(μg·mL^{-1})		10	20	50	100
峰面积/S					
咖啡碱标准曲线					
相关系数 r					
咖啡碱含量 X	含量/%				
	平均值/%				

注意事项

（1）碱式乙酸铅用于沉淀茶叶中的多酚类、蛋白质等，以消除它们对咖啡碱测定结果的影响，因此加入茶汤的碱式乙酸铅是过量的。过滤后的残渣不可直接扔进普通垃圾桶，因为其中的"铅"属于重金属，容易污染环境，需要单独收集暂存，并做好相应标识，委托有资质的单位进行处理。

（2）在利用液相色谱法测定咖啡碱时，体系中的气泡会影响测试数据的稳定性，液体中的杂质可能会堵塞液相色谱的淋洗系统。因此，所有用于液相色谱分析的试液均需要用 0.45 μm 以下孔径的滤膜过滤，滤液经超声波脱气后方可使用。

（3）在同一样品中，采用紫外分光光度法测定的咖啡碱含量会略高于液相色谱法，这是因为茶叶中微量的茶叶碱、可可碱在波长 274 nm 处也有吸收。因此，紫外分光光度法测定的咖啡碱含量实际上包括了茶叶碱、可可碱的含量。

任务八　茶叶中游离氨基酸总量的测定

学习目标

理解茶叶中氨基酸的种类、性质，理解茶氨酸的含量及存在部位，理解游离氨基酸的含量与茶叶品质的关系；掌握茶叶中游离氨基酸总量测定的原理及方法，掌握可见分光光度计的使用，并能熟练地利用可见分光光度计测定茶叶中的游离氨基酸总量；通过小组协作完成本任务，养成良好的团队协作意识和严谨的科学态度。

知识准备

一、氨基酸概述

氨基酸是茶叶中具有氨基和羧基的有机化合物，是茶叶中的重要化学成分之一。茶叶中的氨基酸，不仅是组成蛋白质的基本单位，也是活性肽、酶和其他一些生物活性分子的重要组成成分。

（一）茶叶中的氨基酸

茶叶中发现并已鉴定的氨基酸有 26 种，包含 20 种蛋白质氨基酸和 6 种非蛋白质氨基酸，均以游离态存在于茶叶中。

茶叶中的 20 种蛋白质氨基酸分别为甘氨酸、丙氨酸、缬氨酸、亮氨酸、异亮氨酸、丝氨酸、苏氨酸、天冬氨酸、谷氨酸、天冬酰胺、谷氨酰胺、赖氨酸、精氨酸、组氨酸、半胱氨酸、蛋氨酸、脯氨酸、苯丙氨酸、酪氨酸和色氨酸。其中，含量较高的有谷氨酸、精氨酸、天冬酰胺和天冬氨酸等。

6 种非蛋白质氨基酸分别是茶氨酸、豆叶氨酸、谷氨酰甲胺、γ-氨基丁酸、天冬酰乙胺和 β-丙氨酸。其中，最主要的为茶氨酸（Theanine），是茶叶中游离氨基酸的主体部分，是茶叶的特殊氨基酸，并大量存在于茶树中，特别是芽叶、嫩茎及幼根中。在茶树的新梢芽叶中，70%左右的游离氨基酸是茶氨酸。

氨基酸的总含量因品种、季节、老嫩等因素不同而有较大的变化，幼嫩的茶叶中一般氨基酸含量为 2%～4%。不同季节茶树鲜叶中氨基酸含量见表 8-1。

表 8-1　不同季节茶树鲜叶中氨基酸含量　　　　mg/g

游离氨基酸组分	春茶	夏茶	秋茶
天冬氨酸	2.03	2.65	2.23
苏氨酸	0.32	0.31	0.31
丝氨酸	0.53	0.40	0.54
天冬酰胺	2.01	2.01	1.86
谷氨酸	1.87	1.62	1.92

续表

游离氨基酸组分	春茶	夏茶	秋茶
谷氨酰胺	1.14	1.01	0.81
茶氨酸	17.73	8.41	12.59
甘氨酸	0.09	0.09	0.07
丙氨酸	0.14	0.22	0.12
缬氨酸	0.49	0.57	0.48
半胱氨酸	0.31	0.22	0.17
蛋氨酸	0.10	0.10	0.00
异亮氨酸	0.30	0.35	0.33
亮氨酸	0.35	0.43	0.35
酪氨酸	0.47	0.54	0.49
苯丙氨酸	0.88	0.90	0.99
γ-氨基丁酸	0.03	0.21	0.05
赖氨酸	0.50	0.52	0.53
组氨酸	0.19	0.23	0.18
精氨酸	0.97	0.66	0.76
脯氨酸	0.27	—	0.49
总量	30.72	21.45	25.27

（二）茶叶中的茶氨酸

茶氨酸最早由日本学者酒户弥二郎从玉露茶新梢中发现并命名。截至目前，仅在茶树、蕈及茶梅中发现茶氨酸，它是植物中比较罕见的氨基酸，占茶鲜叶干物质质量的 1%～2%。

1. 结构特点

茶氨酸属酰胺类化合物（图 8-1），系统命名为 N-乙基-γ-L-谷氨酰胺（N-ethyl-γ-L-glutamine）。茶氨酸是由一分子谷氨酸和一分子乙胺，在茶氨酸合成酶作用下，于茶树的根部合成的。

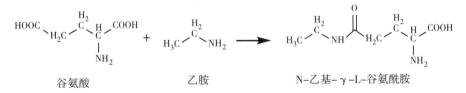

谷氨酸　　　　　　乙胺　　　　　　　　N-乙基-γ-L-谷氨酰胺

图 8-1　茶氨酸结构式

2. 理化性质

（1）色泽：自然界存在的茶氨酸均为 L 型，白色针状结晶。

（2）溶解性：极易溶于水，而不溶于无水乙醇和乙醚，且溶解性随温度升高而增大。

（3）显色反应：可用于检测氨基酸的含量，与茚三酮产生化学反应呈紫色。

（三）游离氨基酸与茶叶品质

茶叶中氨基酸的组成、含量，以及它们的降解产物和转化产物也直接影响茶叶品质。

茶叶中的氨基酸极易溶解于水，不少氨基酸都有着一定的香气和鲜味。例如，茶氨酸具有焦糖的香味和类似味精的鲜爽味，味觉阈值为 0.06％，而谷氨酸和天冬氨酸的味觉阈值分别为 0.15％和 0.16％，这些对茶汤品质影响较大。

茶叶中的游离氨基酸对茶汤的鲜甜度有重要作用，与茶叶的品质成高度正相关。如茶氨酸的浸出率可达 80％，与绿茶滋味等级的相关系数达 0.787～0.876，还能缓解茶的苦涩味，增强甜味。可见，氨基酸不仅对绿茶良好滋味的形成具有重要的意义，也是红茶品质的重要评价因子之一。

在茶叶加工过程中，氨基酸还可在热力作用下，通过美拉德反应、Strecker 降解等形成香气物质；此外，苯丙氨酸具有玫瑰香味，丙氨酸具有花香味，从而影响茶叶的香气品质。因此，氨基酸是评判茶叶品质的一个重要指标。

二、氨基酸的检测

目前，茶叶中游离氨基酸含量的测定通常采用《茶 游离氨基酸总量的测定》（GB/T 8314—2013）规定的方法进行。

在 pH=8.0 的条件下，茶叶中氨基酸的游离氨基与茚三酮共热作用，生成蓝紫色的二酮茚-二酮茚胺，其反应历程大致可分为以下两步：第一步是氨基酸与茚三酮反应，生成还原型茚三酮并释放出氨；第二步是还原型茚三酮再与一分子茚三酮和一分子氨进行脱水缩合，生成二酮茚-二酮茚胺。二酮茚-二酮茚胺为紫色络合物，其颜色的深浅与氨基酸含量成正相关，因此，可用分光光度法测定其含量（图 8-2）。

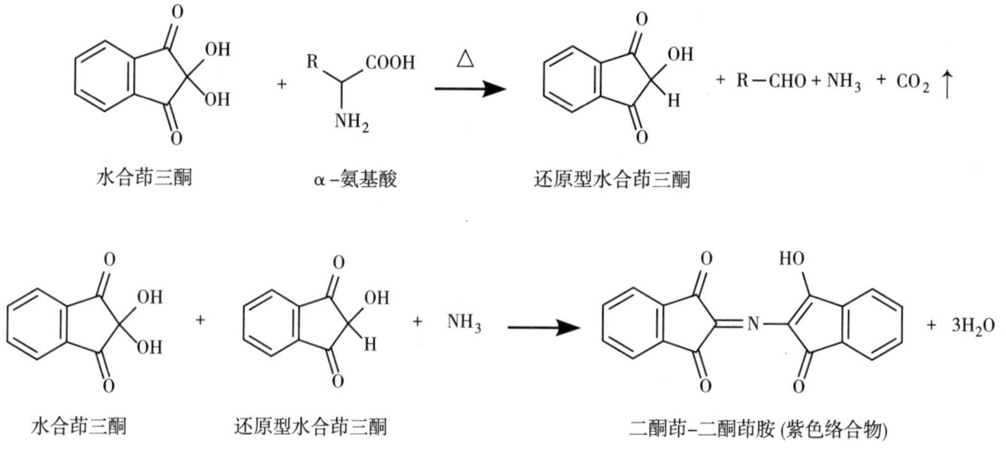

图 8-2　茶叶中氨基酸的游离氨基与茚三酮共热作用

�`技能训练

训练任务　茚三酮显色法测定茶叶中的游离氨基酸含量

一、材料、设备与试剂

（一）材料

按本书"任务二　取样与磨碎试样的制备"要求准备的试样。

（二）设备

(1) 分析天平（感量为 0.001 g）;

(2) 分光光度计;

(3) 具塞比色管，25 mL;

(4) 恒温水浴锅;

(5) 抽滤装置。

（三）试剂

1. pH＝8.0 的磷酸盐缓冲液

A 液（1/15 mol/L 磷酸二氢钾）：称取经 110 ℃ 烘干 2 h 的磷酸二氢钾（KH_2PO_4）9.08 g，加水溶解后转入 1 L 容量瓶中，定容至刻度，摇匀。

B 液（1/15 mol/L 磷酸氢二钠）：称取 23.9 g 十二水磷酸氢二钠（$Na_2HPO_4 \cdot 12H_2O$），加水溶解后转入 1 L 容量瓶中，定容至刻度，摇匀。

取 A 液 5 mL 和 B 液 95 mL，混匀，该混合溶液 pH＝8.0。

2. 2％的茚三酮溶液

称取水合茚三酮（纯度不低于 99 ％）2 g，加入 50 mL 水和 80 mg 氯化亚锡（$SnCl_2 \cdot 2H_2O$）搅拌均匀。分次加少量水溶解，放在暗处，静置一昼夜，过滤后加水定容至 100 mL。

3. 茶氨酸或谷氨酸系列标准工作液

(1) 10 mg/mL 标准储备液：称取 250 mg 茶氨酸或谷氨酸（纯度不低于 99 ％）溶于适量水中，转移定容至 25 mL，摇匀。该标准储备液 1 mL 含有 10 mg 的茶氨酸或谷氨酸。

(2) 移取 0、1.0、1.5、2.0、2.5、3.0（mL）标准储备液，分别加水定容至 50 mL，摇匀。该系列标准工作液 1 mL 分别含有 0、0.2、0.3、0.4、0.5、0.6（mg）茶氨酸或谷氨酸。

二、操作步骤

1. 试液制备

称取 1.5 g（准确至 0.001 g）磨碎试样于 250 mL 锥形瓶中，加入沸蒸馏水 225 mL，立即移入沸水浴，浸提 45 min（每隔 10 min 摇动一次），浸提完毕后立即趁热减压过滤，残渣用少量热蒸馏水洗涤 2～3 次。将滤液转入 250 mL 容量瓶中，冷却后用水定容至刻度，摇匀。

2. 测定

准确吸取试液 1 mL，注入 25 mL 比色管，加入 0.5 mL pH＝8.0 的磷酸盐缓冲液和 0.5 mL 2％的茚三酮溶液，在沸水浴中加热 15 min。待冷却后加水定容至 25 mL，放置 10 min 后，用 5 mm 比色杯，在波长 570 nm 处，以试剂空白溶液做参比，测定吸光度（A）。

3. 氨基酸标准曲线的制作

分别吸取 1 mL 茶氨酸或谷氨酸系列标准工作液于一组 25 mL 的比色管中，各加入 pH＝8.0 的磷酸盐缓冲液 0.5 mL 和 2％的茚三酮溶液 0.5 mL，在沸水浴中加热 15 min，冷却后加水定容至 25 mL，放置 10 min 后，用 5 mm 比色杯，在波长 570 nm 处，以试剂空白溶液做参比，测定吸光度（A）。

将测得的吸光度（A）作为纵坐标，对应的茶氨酸或谷氨酸浓度（C）作为横坐标，绘制出标准曲线。

三、结果计算

(一) 计算方法

试样中的游离氨基酸总量，按下式进行计算：

$$游离氨基酸总量（\%）=\frac{\dfrac{C}{1\ 000}\times\dfrac{V_1}{V_2}}{m\times w}\times 100$$

式中 C——根据测定的吸光度从标准曲线上查得的茶氨酸或谷氨酸的毫克数（mg）；

V_1——试液总量，单位为毫升（mL）；

V_2——测定用试液量，单位为毫升（mL）；

m——试样用量，单位为克（g）；

w——试样干物质含量（质量百分数）（\%）。

(二) 重复性

在重复条件下，同一样品获得的测定结果的绝对差值，不得超过算术平均值的10\%。如果符合，则取两次测定的算术平均值作为结果，保留小数点后一位。

四、结果记录

将实验相关数据填入表 8-2 中。

表 8-2 茶叶游离氨基酸含量测定记录表

日期：   操作人：

主要仪器信息	分光光度计型号					
	分析天平型号					
项目		重复 1			重复 2	
试样质量 m/g						
试样干物质含量 w（质量分数）/\%						
试液总量 V_1/mL						
测定用试液量 V_2/mL						
测试液吸光度 A						
标准曲线						
氨基酸标准工作液浓度/(mg·mL^{-1})	0	0.2	0.3	0.4	0.5	0.6
吸光度 A						
氨基酸标准曲线						
相关系数 r						
游离氨基酸总量	含量/\%					
	平均值/\%					

注意事项

（1）茚三酮溶液配制中需要加入氯化亚锡，这是因为反应过程第一步中，茚三酮需在 pH＝8 和具有还原剂的情况下才能生成还原型茚三酮。其中，氯化亚锡为还原剂，同时，要求严格注意所用缓冲液的 pH 值。

（2）在沸水浴加热时，必须将比色管下端充分浸在水浴中，而且要严格控制水浴的时间和温度。

（3）在沸水浴加热后，必须待冷至室温后，方可用水定容至刻度。

（4）比色时间必须在 1～2 h 内完成，否则，将影响显色效果。

（5）标准曲线制作时，必须重复数次，直至结果稳定方可。

任务九　茶叶中水浸出物含量的测定

学习目标

理解茶叶中水浸出物的概念，掌握茶叶中水浸出物测定的原理及方法，并熟练地应用国家标准方法测定茶叶中的水浸出物含量；通过应用国家标准方法，养成茶叶检验的标准化意识，为茶叶的生产和管理提供法定依据。

知识准备

茶叶中能溶于热水的物质，统称为茶叶水浸出物。茶叶中许多品质成分都是水溶性的，如氨基酸、多酚类、咖啡碱、茶色素、可溶性糖等，其含量占干物质总量的 35％～45％。

水浸出物含量的高低，反映了茶叶中可溶性物质总量的多少，标志着茶汤滋味的厚薄，是评价茶叶品质高低的一项指标。水浸出物含量较高的茶叶，溶于茶汤中的物质相应较多，茶汤的滋味较浓厚。一般情况下，成熟度稍嫩的茶叶，其水浸出物含量高；而粗老茶叶，如紧压茶等水浸出物含量稍低。茶叶在出口时，其水浸出物含量，一般在贸易合同中做出明确规定。

水浸出物的检验主要有两种方法，即全量法和差数法，它们又分别叫作直接测定法和间接测定法。全量法是用沸水从试样中抽提可溶性物质，过滤、蒸发滤液至干燥，并在一定温度下烘干称量。差数法是茶叶经过沸水回流抽提、过滤、干燥，并称量其水不溶物，用差数计算水浸出物的含量。《茶 水浸出物测定》（GB/T 8305—2013）规定采用差数法。

技能训练

训练任务　差数法测定茶叶中水浸出物的含量

一、材料与设备

（一）材料

按本书"任务二　取样与磨碎试样的制备"要求准备的试样。

（二）设备

(1) 鼓风电热恒温干燥箱：温控（120±2）℃。

(2) 沸水浴。

(3) 布氏漏斗连同减压抽滤装置。

(4) 铝质或玻质烘皿：具盖，内径为 75～80 mm。

(5) 干燥器：内盛有效干燥剂。

(6) 分析天平：感量为 0.001 g。

(7) 锥形瓶：500 mL。

二、操作步骤

1. 烘皿准备

将烘皿和 15 cm 定性快速滤纸置于（120±2）℃的鼓风电热恒温干燥箱内，皿盖打开斜至皿边，烘干 1 h，加盖取出，在干燥器内冷却至室温，称量（准确至 0.001 g）。

2. 测定

称取 2 g（准确至 0.001 g）磨碎试样于 500 mL 锥形瓶中，加沸蒸馏水 300 mL，立即移入沸水浴中浸提 45 min（每隔 10 min 摇动一次）。浸提完毕后立即趁热减压过滤（用已干燥的滤纸）。用约 150 mL 的沸蒸馏水洗涤茶渣数次，将茶渣和已知质量的滤纸移入烘皿，然后移入（120±2）℃的鼓风电热恒温干燥箱内，皿盖打开斜至皿边，烘干 1 h，加盖取出，冷却 1 h 后再烘 1 h，立即移入干燥器冷却至室温，称量（精确至 0.001 g）。

三、结果计算

（一）计算方法

试样中的水浸出物含量，按下式进行计算：

$$X（\%）=\left(1-\frac{m_1}{m_0 \times w}\right) \times 100$$

式中　X——试样中水浸出物的含量，以干态质量百分数表示（%）；

m_0——试样的质量，单位为克（g）；

m_1——干燥后茶渣质量，单位为克（g）；

w——试样干物质含量（质量百分数）（%）。

（二）重复性

在重复条件下同一样品获得的测定结果的绝对差值不得超过算术平均值的 2%。在满足这一条件的前提下，取两次测定的算术平均值作为结果，结果保留小数点后一位。

四、结果记录

将实验相关数据填入表 9-1 中。

表 9-1　茶叶中水浸出物测定记录表

日期：　　　　　　　　　　　　　　　　　　　　　　　　　　　操作人：

主要仪器信息	鼓风电热恒温干燥箱型号		
	分析天平型号		
称量记录		重复1	重复2
滤纸和烘皿烘后质量 m_2/g			
试样的质量 m_0/g			
茶渣、滤纸和烘皿干燥后称量 m_3/g			
干燥后茶渣质量 m_1/g			
水浸出物含量 X/%			
水浸出物含量平均值/%			

注意事项

在茶渣制样过程中，需注意浸提时间要足够，否则，茶渣中仍然保留了部分可溶性物质，将会使测定结果偏高。

任务十　茶叶中黄酮类物质的测定

学习目标

理解茶叶中黄酮类物质的性质，掌握黄酮类与茶叶品质的关系；掌握茶叶中黄酮类物质含量测定的原理及方法，熟悉分光光度计和液相色谱仪的使用，熟练地应用分光光度计测定茶叶中黄酮类物质总量，熟练地应用液相色谱仪测定茶叶中黄酮类物质组分；通过茶叶中黄酮类的测定，养成遵守实验室规定、维护环境安全和爱护精密仪器的良好意识，并确保实验结果准确、可靠。

知识准备

茶树新梢中所发现的多酚类分属于儿茶素（黄烷醇类），黄酮、黄酮醇类，花青素、花白素类，酚酸及缩酚酸等。其中，黄酮类（Flavone，也称花黄素）是广泛存在于自然界的一类黄色色素。其基本结构是 2-苯基色原酮（2-Phenylchromone；式Ⅰ）。现在则泛指两个具有酚羟基的苯环（A 环与 B 环）通过中央三碳原子相互连接而形成的一系列化合物。C 杂环上的氧原子有未共用的电子对而具有弱碱性，能与强酸形成盐类。黄酮结构中的 C3 位易羟基化，形成一个非酚性羟基，形成黄酮醇。津志田二藤郎等（1986 年）从 16 个品种一芽三叶鲜叶中分离出 3 种主要的黄酮醇，其中，山柰素的含量为 1.42～3.24 mg/g，槲皮素的含量为 2.72～4.83 mg/g，杨梅素的含量为 0.73～2.00 mg/g（图 10-1）。

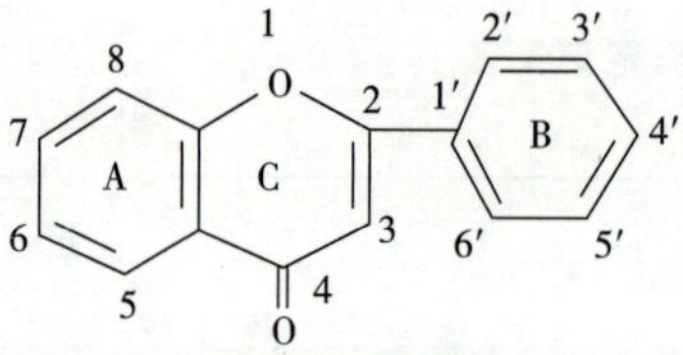

式Ⅰ 2-苯基色原酮

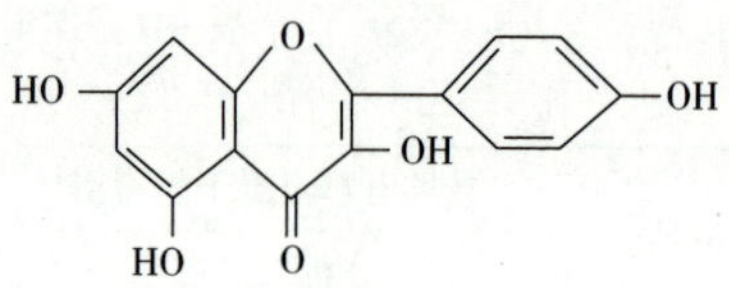

山柰素

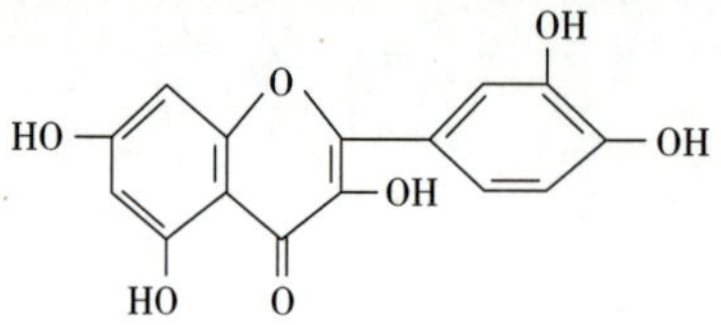

槲皮素

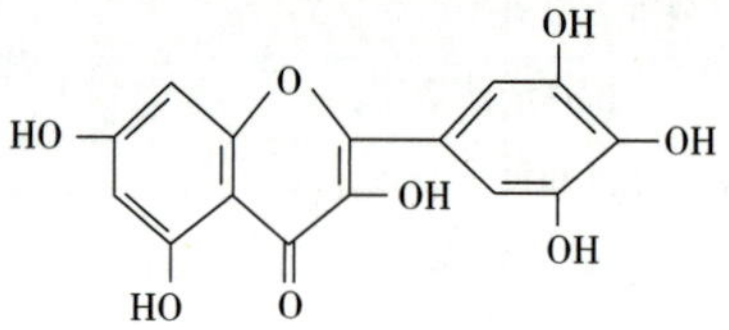

杨梅素

图 10-1 黄酮及黄酮醇类

茶叶中的黄酮醇多与糖结合形成黄酮醇苷类（Flavone glycosides）物质，由于其结合的糖不同（有葡萄糖、鼠李糖、半乳糖、芸香糖等）、连接的位置不同（多在 C2 位与糖结合），因而形成不同的黄酮醇苷。其中，含量较多的组分有芸香苷（占干物质量的 0.05%～0.15%）、槲皮苷（占干物质量的 0.2%～0.5%）（图 10-2）、山柰苷（占干物质量的 0.16%～0.35%），春茶中黄酮醇苷类的含量高于夏茶。

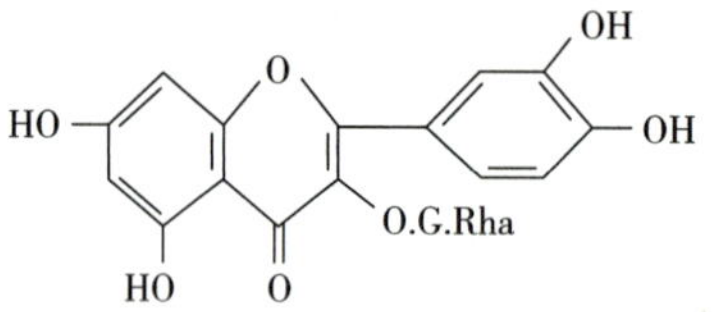

芸香苷

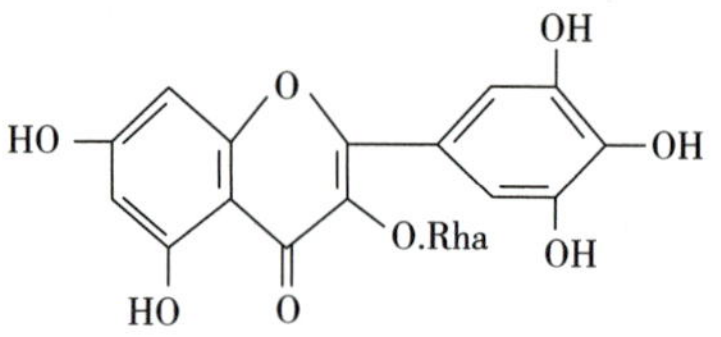

槲皮苷

图 10-2 黄酮醇苷类

茶叶中的黄酮醇及其苷类的含量占干物质量的 3%～4%。Finger 等（1991 年）从茶鲜叶、红茶、绿茶中分别鉴定出 20 种黄酮醇及其苷类。这些化合物包括山柰素、槲皮素、异槲皮素、杨梅素、杨梅素-3-O-鼠李葡糖苷、杨梅素-3-O-半乳糖苷、杨梅素-3-O-葡糖苷、槲皮素三糖苷、槲皮素-3-O-鼠李双糖苷、槲皮素双糖苷、槲皮素-3-鼠李糖苷、槲皮素-3-O-鼠李葡糖苷、槲皮素-3-O-半乳糖苷、槲皮素-3-O-葡糖苷、山柰素-3-O-鼠李葡糖苷、山柰素-3-O-葡糖苷、槲皮素-3-O-葡糖鼠李半乳糖苷、山柰素-3-O-鼠李半乳糖苷及槲皮素-7-葡糖苷。

黄酮及黄酮醇苷类物质多为亮黄色结晶，与绿茶汤色关系较大。黄酮及黄酮醇一般难溶于水，较易溶于有机溶剂，如甲醇、乙醇、冰醋酸、乙酸乙酯等，而黄酮醇苷类在水中的溶解度比其苷元大，其水溶液为绿黄色，对绿茶汤色的形成作用较大，难溶和不溶于苯、氯仿等有机溶剂。在制茶过程中，黄酮醇苷在热和酶的作用下会发生水解，脱去苷类配基变成黄酮或黄酮醇，在一定程度上降低了苷类物质的苦味。在甲醇溶液中，不同结构的黄酮类化合物具有不同的吸收光谱（表 10-1）。黄酮及黄酮醇类在不同的介质及光波下具有不同的颜色反应（表 10-2）。

表 10-1 一些黄酮类化合物的紫外吸收光谱（甲醇溶液）*

化合物	波长/nm	化合物	波长/nm
槲皮素	255，269（sh），370	山奈素-3-单糖苷	264，250
槲皮素-3-单糖苷	257，269（sh），367	山奈素-3-鼠李糖苷	266，350
槲皮素-3-鼠李糖苷	256，265（sh），350	异牡荆苷	271，336
槲皮素-3-鼠李单糖苷	239，266（sh），359	牡荆苷	270，302（sh），336
山奈素	266，367		

注：*引自陈宗道，等.茶叶化学工程学［M］.重庆：西南师范大学出版社，1999。

sh 表示肩峰

表 10-2 黄酮类、黄酮醇类化合物的颜色反应

反应条件		黄酮类	黄酮醇类
	可见光下	灰黄色	灰黄色
	紫外光下	棕色、红棕色或黄棕色	亮黄色或黄绿色
氨	可见光下	黄色	黄色
	紫外光下	黄绿或暗紫色	亮黄色
三氯化铝	可见光下	灰黄色	黄色
	紫外光下	黄绿色荧光	黄或绿色荧光
碳酸钠		亮黄色	黄色、黄棕色、淡蓝色
浓硫酸		深黄至橙色有时显荧光	深黄至橙色，有时显荧光
镁＋盐酸		黄至红色	黄至紫红色
钠汞齐＋盐酸		红色	黄至淡红色

黄酮类化合物的测定有多种方法，对于黄酮类化合物的相互分离，以及单一成分的定量分析，通常采用高效液相色谱法。而对于总黄酮含量的测定，则主要采用分光光度法。分光光度法是指利用黄酮类化合物与铝盐进行络合反应，在碱性条件下生成黄色的络合物，在 420 nm 波长下测定其吸光度，在一定浓度范围内，其吸光度与黄酮类化合物的含量成正比。与芦丁标准品比较，即可进行茶叶中总黄酮的定量测定。分光光度法测定出口食品中总黄酮的含量，具有设备要求简单、操作简便、易于推广和普及的特点。

 技能训练

训练任务一 分光光度法测定茶叶中的总黄酮含量

一、材料、设备与试剂

（一）材料

按本书"任务二 取样与磨碎试样的制备"要求准备的试样。

（二）设备

（1）分光光度计：采用 1 cm 比色皿。

（2）分析天平：感量为 0.000 1 g。

（3）超声清洗仪。

（三）试剂

（1）硝酸铝溶液（100 g/L）：称取硝酸铝［$Al(NO_3)_3 \cdot 9H_2O$］17.6 g，加水溶解后转入 100 mL 容量瓶中，定容至刻度，摇匀。

（2）醋酸钾溶液（98 g/L）：称取醋酸钾（CH_3COOK）9.814 g，加水溶解后转入 100 mL 容量瓶中，定容至刻度，摇匀。

（3）30％乙醇：量取无水乙醇（C_2H_5OH）30 mL，加入蒸馏水 70 mL，混匀即可。

（4）1 mg/mL 芦丁标准溶液：精密称取经干燥（120 ℃减压干燥）至恒重的芦丁标准品 50 mg，使用无水乙醇溶解并定容于 50 mL 容量瓶中，制得 1 mg/mL 的储备液。

二、操作步骤

1. 茶样供试液制备

精密称取磨碎茶样 1 g（精确值 1 mg）置于 100 mL 干燥的三角瓶中，加入约 30 mL 无水乙醇充分摇匀样品，将摇匀样品置于超声清洗仪中超声浸提 1 h，其间每 20 min 摇匀溶液一次。提取液过滤至 50 mL 容量瓶中，使用无水乙醇冲洗滤纸、三角瓶，合并溶液，待溶液冷却至室温，用无水乙醇定容至 50 mL 待测。

2. 测定

精密吸取待测样品溶液 1.0 mL，置于 50 mL 容量瓶中，加无水乙醇至总体为 15 mL，依次加入 100 g/L 硝酸铝溶液 1 mL、98 g/L 醋酸钾溶液 1 mL，摇匀，加水至刻度，再次摇匀，静置 1 h。以零管为空白试液做参比，用 1 cm 比色杯，在波长 420 nm 处测定试样溶液的吸光度。

查标准曲线或通过回归方程计算，求出试料溶液中的黄酮类化合物含量（mg）。在标准曲线上求得样液中的浓度，其吸光度应在标准曲线的线性范围内。

3. 标准曲线的制作

精密吸取 1 mg/mL 芦丁标准溶液 0、1.0、2.0、3.0、4.0、5.0（mL）分别置于 50 mL 容量瓶中，加无水乙醇至总体积为 15 mL，依次加入 100 g/L 硝酸铝溶液 1 mL、98 g/L 醋酸钾溶液 1 mL，摇匀，加水至刻度，再次摇匀，静置 1 h。用 1 cm 比色杯，在波长 420 nm 处，以 30％乙醇溶液为空白试液，测定吸光度。以 50 mL 中芦丁质量（mg）为横坐标、吸光度为纵坐标，绘制标准曲线或按直线回归方程计算。

三、结果计算

试样中黄酮类化合物的总含量，按下式进行计算：

$$黄酮类化合物的总含量 = \frac{m_1}{m_2 \times w \times d \times 1\,000} \times 100\%$$

式中　m_1——由标准曲线上查出或由直线回归方程求出的样品比色液中芦丁的质量，单位为毫克（mg）；

　　　m_2——试样用量，单位为克（g）；

　　　w——试样干物质含量（质量分数）（％）。

　　　d——稀释比例。

同一操作者两次平行测试结果的绝对差值不得超过算术平均值的 15%。取两次测定的算术平均值作为结果，保留小数点后 2 位。

四、结果记录

将实验相关数据填入表 10-3 中。

表 10-3 茶叶总黄酮含量测定记录表

（分光光度法测定）

日期：　　　　　　　　　　　　　　　　　　　　　　　　　　　　　操作人：

项目		重复 1			重复 2		
天平型号							
分光光度计型号							
超声清洗仪型号							
磨碎试样质量 m_2/g							
试样干物质含量 w（质量分数）/%							
稀释比例 d							
测试液吸光度 A							
标准曲线							
芦丁标准工作液浓度/(mg·mL^{-1})	0	0.1	0.2	0.3	0.4	0.5	
吸光度 A							
芦丁标准曲线							
相关系数 r							
总黄酮含量	含量/%						
	平均值/%						

训练任务二　高效液相色谱法测定茶叶中的黄酮组分含量

一、材料、设备与试剂

（一）材料

按本书"任务二　取样与磨碎试样的制备"要求准备的试样。

（二）设备

（1）天平：感量为 0.000 1 g。

（2）高效液相色谱仪（HPLC）：包含梯度洗脱、紫外检测器及色谱工作站。

（3）恒温水浴锅。

（4）减压蒸馏回流装置。

（5）C_{18} 反相色谱柱（粒径 4.6 mm × 250 mm，5 μm）。

（6）注射用玻璃针筒。

（7）0.45 μm 针头式有机滤膜。

（三）试剂

（1）水（超纯水或一级水）、甲醇（色谱纯）、乙腈（色谱纯）、盐酸（分析纯）、磷酸（分析纯）、杨梅素、槲皮素、木犀草素、山奈酚、花旗松素和芦丁标准品（纯度≥98％）。

（2）0.261％磷酸水溶液（0.261：100，V/V）、5％乙腈水溶液（1：20，V/V）、80％甲醇水溶液（8：2，V/V）。

（3）黄酮类标准储备液：杨梅素 1.0 mg/mL、槲皮素 1.0 mg/mL、木犀草素 1.0 mg/mL、山奈酚 1.0 mg/mL、花旗松素 1.0 mg/mL 和芦丁 1.0 mg/mL。

（4）黄酮类标准工作液用甲醇配制。标准工作溶液：吸取 1.0 mL 标准储备液于 10 mL 容量瓶中，配制形成浓度为 0.1 mg/mL 的杨梅素、槲皮素、木犀草素、山奈酚、花旗松素和芦丁的混合溶液，分别吸取该混合液 0、0.01、0.05、0.1、0.5、1.0（mL），用甲醇定容至 10 mL，得到黄酮类混合标准系列工作液。

二、操作步骤

（一）色谱条件

柱温为 30 ℃；测定流动相 A 为 0.261％ 磷酸，5％ 乙腈，流动相 B 为 80％ 甲醇；流速为 0.8 mL /min；检测波长为 360 nm；进样量为 2 μL。

（二）洗脱条件

0 ～ 16 min 流动相 B 由 10％升至 45％，16 ～ 22 min 流动相 B 由 45％升至 65％，22 ～ 25 min 流动相 B 由 65％升至 100％并保持 4 min，29 ～ 30 min 流动相 B 恢复至 10％并平衡 6 min。

（三）标准曲线绘制

混合标准系列工作液经 0.45 μm 有机膜过滤后进样 2 μL，测定不同浓度的混合系列标准工作液峰面积。以浓度（mg/mL）为横坐标、峰面积为纵坐标作标准曲线，并求出回归方程。

（四）供试液制备与测定

称取磨碎茶样 1.0 g（精确至 0.000 1 g）于 50 mL 圆底烧瓶中，加甲醇 40 mL、盐酸 4 mL，85 ℃水浴回流 90 min，过滤于 50 mL 容量瓶中，用甲醇定容，摇匀后取适量过 0.45 μm 有机膜，待测（该提取液在 4 ℃下可至多保存 24 h）。待流速和柱温稳定后，进行空白运行。准确吸取 2 μL 混合标准系列工作液注射入 HPLC。在相同的色谱条件下注射 2 μL 供试液，供试液对照标准样品以保留时间定性，以峰面积定量。

（五）黄酮标准样品液相色谱图

黄酮标准样品液相色谱如图 10-3 所示。

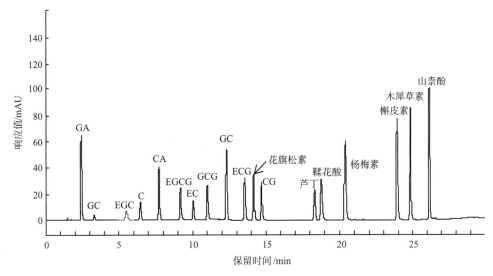

图 10-3　黄酮标准样品液相色谱

三、结果计算

（一）计算方法

试样中的黄酮含量，按下式进行计算：

$$C = \frac{(A - A_0) \times V \times f_{\text{Std}} \times 100}{m \times 10^6 \times w} \times 100$$

式中　C——黄酮含量（%）；

　　　A——所测样品中被测成分的峰面积；

　　　A_0——所测样品空白中对应被测组分的峰面积；

　　　f_{Std}——所测成分的校正因子［浓度/峰面积，浓度单位为微克每毫升（mg/mL）］；

　　　V——样品提取液的体积，单位为毫升（mL）；

　　　m——样品称取量，单位为克（g）；

　　　w——样品的干物质含量（质量分数）（%）。

（二）黄酮总量计算

黄酮总量（%）＝$C_{(杨梅素)}$＋$C_{(槲皮素)}$＋$C_{(木犀草素)}$＋$C_{(山奈酚)}$＋$C_{(花旗松素)}$＋$C_{(芦丁)}$

（三）重复性

同一样品黄酮类总量的两次测定值相对误差应≤10%，若测定值相对误差在此范围内，则取两次测得值的算术平均值为结果，保留小数点后两位。

四、结果记录

将实验相关数据填入表 10-4 中。

表 10-4　茶叶中黄酮含量测定记录表

（高效液相色谱法测定）

日期：　　　　　　　　　　　　　　　　　　　　　　　　　　　　　　　操作人：

主要仪器信息	分析天平型号		
	液相色谱仪型号		
	色谱柱型号、规格		
项目		**重复1**	**重复2**
样品质量 m/g			
样品干物质含量 w（质量分数）/%			
样品提取液体积 V/mL			
分析测试数据记录			
杨梅素	保留时间/min	样品空白峰面积 A_0	
	工作液浓度/(mg·mL^{-1})		
	峰面积 A		
	标准曲线		
	标准曲线斜率 f_{Std}/(mg·mL^{-1})		
	样品峰面积 A		
	含量/%		
槲皮素	保留时间/min	样品空白峰面积 A_0	
	工作液浓度/(mg·mL^{-1})		
	峰面积 A		
	标准曲线		
	标准曲线斜率 f_{Std}/(mg·mL^{-1})		
	样品峰面积 A		
	含量/%		
木犀草素	保留时间/min	样品空白峰面积 A_0	
	工作液浓度/(mg·mL^{-1})		
	峰面积 A		
	标准曲线		
	标准曲线斜率 f_{Std}/(mg·mL^{-1})		
	样品峰面积 A		
	含量/%		
山柰酚	保留时间/min	样品空白峰面积 A_0	
	工作液浓度/(mg·mL^{-1})		
	峰面积 A		
	标准曲线		
	标准曲线斜率 f_{Std}/(mg·mL^{-1})		
	样品峰面积 A		
	含量/%		

续表

项目		重复1	重复2
花旗松素	保留时间/min	样品空白峰面积 A_0	
	工作液浓度/(mg·mL^{-1})		
	峰面积 A		
	标准曲线		
	标准曲线斜率 f_{Std}/(mg·mL^{-1})		
	样品峰面积 A		
	含量/%		
芦丁	保留时间/min		
	工作液浓度/(mg·mL^{-1})		
	峰面积 A		
	标准曲线		
	标准曲线斜率 f_{Std}/(mg·mL^{-1})		
	样品峰面积 A		
	含量/%		
黄酮总量/%			
平均值/%			

注意事项

（1）在操作过程中，因甲醇等为易挥发有机溶剂，沸点较低，具有一定的毒性，因此，供试液的浸提制备应在通风橱内进行；测试完毕后的废液中含有乙腈、甲醇、乙酸等有机溶剂，应倒入有机废液收集桶内暂存，不可排入下水道。

（2）在进行液相色谱分析时，体系中的气泡会影响测试数据的稳定性，液体中的杂质可能会堵塞液相色谱的淋洗系统。因此，所有用于液相色谱分析的试液均需用 0.45 μm 以下孔径的滤膜过滤，滤液经超声波脱气后方可使用。

（3）黄酮组分在不同品牌的 C_{18} 色谱柱上保留时间有所差异，在对其定性时，需要通过单标确定该组分的保留时间，然后进行混标制作标准曲线。

任务十一　茶叶中茶黄素、茶红素、茶褐素含量的测定

学习目标

理解茶叶中茶黄素、茶红素、茶褐素的性质，掌握它们与红茶品质的关系；掌握茶黄素、茶红素、茶褐素含量测定的原理及方法；熟练地应用分光光度计测定茶叶中茶黄素、茶红素、茶褐素的含量；通过小组协作完成本任务，养成遵守实验室规定、维护环境安全和团队协作的良好意识，形成严谨的科学态度，确保实验结果准确、可靠。

一、茶叶中茶黄素、茶红素、茶褐素的形成

茶黄素（theaflavins，TF）、茶红素（thearubigins，TR）、茶褐素（theabrownins，TB）均是茶叶中多酚类物质的氧化产物，统称为茶色素，广泛存在于红茶、黑茶之中。其中，红茶的发酵、黑茶的渥堆，是形成上述茶色素物质的主要工序。

红茶发酵过程中的化学变化非常复杂，其中，主要的变化是茶多酚的酶促氧化。茶多酚的主要成分是儿茶素，其中，没食子儿茶素（GC）及没食子儿茶素没食子酸酯（GCG）在发酵中起主导作用。

在红茶发酵中，儿茶素尤其是没食子儿茶素及没食子儿茶素没食子酸酯在多酚氧化酶的作用下发生酶促氧化，形成一类被称为邻醌的物质。邻醌是一类氧化还原作用很强的初级产物，很不稳定，易于氧化其他物质而被还原，对促进红茶品质特征的形成具有重要作用，如叶绿素的破坏、花青素等苦味物质的转化、发酵中大量香气的形成等，都与邻醌的作用十分密切。另外，邻醌能被抗坏血酸（维生素 C）所还原，所以，红茶中维生素 C 的含量极低。

邻醌又容易聚合（缩合）成联苯酚醌。联苯酚醌是发酵过程中的中间产物，性质也很不稳定，一部分被还原成双黄烷醇，另一部分进一步氧化生成茶黄素（图 11-1）和茶红素类，茶黄素转化为茶红素，茶红素又进而转化为暗褐色的物质，这是发酵过程中多酚类化合物转化的基本规律。

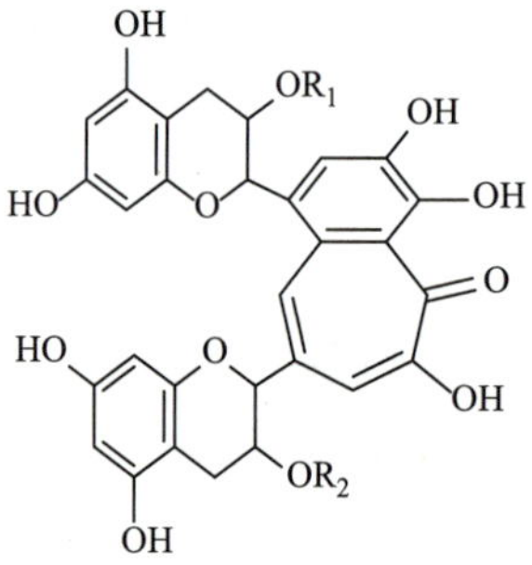

儿茶素的氧化只是在发酵初期需要多酚氧化酶的催化，当邻醌、联苯酚醌形成后，由于醌类化合物的氧化能力很强，就可以通过醌类化合物的氧化还原作用，促使一系列化合物的氧化。茶多酚在红茶发酵过程中的变化规律如图 11-2 所示。

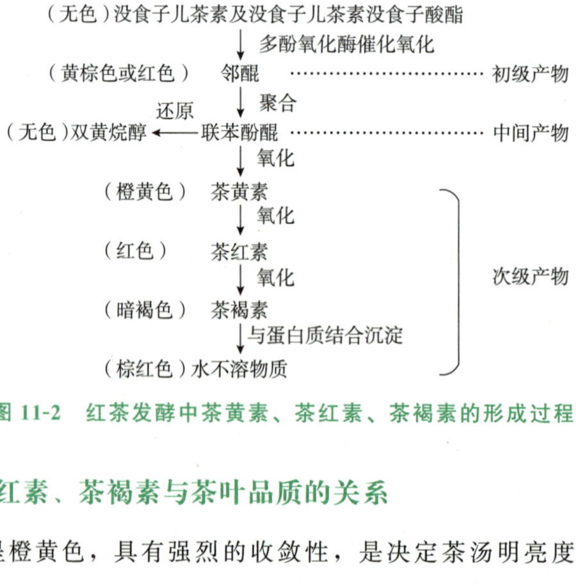

图 11-1　茶黄素的结构

图 11-2　红茶发酵中茶黄素、茶红素、茶褐素的形成过程

二、茶黄素、茶红素、茶褐素与茶叶品质的关系

茶黄素的水溶液呈橙黄色，具有强烈的收敛性，是决定茶汤明亮度的主要成分和构成滋

味浓度的重要因子。茶汤与瓷碗接触处常呈现一圈鲜明的金黄色，称为"金圈"或"金边"，这是茶黄素含量较多的表现。茶黄素的含量一般占干物质的 0.4%～1.5%，最高可达 1.7% 以上。

茶黄素进一步氧化，生成茶红素。茶红素的水溶液呈红色，收敛性较弱，是红茶汤色的主体物质，并对滋味的浓度起重要作用。茶红素的含量一般占干物质的 8%～20%。

茶红素一部分与蛋白质结合，形成不溶于水的棕红色物质，存在于芽、叶、茎、梗中，是形成红色叶底的主要物质。还有一部分进一步氧化形成茶褐素。

茶褐素的水溶液呈暗褐色，是茶汤发暗的主要成分，与红茶品质呈负相关，其含量一般占干物质的 4%～9%。

茶黄素、茶红素和茶褐素在红茶发酵中的变化规律如图 11-3 所示。在发酵初期，茶黄素增加很快，并不断转化为茶红素；随着发酵的进行，茶黄素不断形成，但增加不显著；当茶黄素含量达到高峰后，由于儿茶素的消耗导致形成茶黄素减少，而茶红素增加；当茶红素增加到一定程度时，由于作为基质的茶黄素减少，以及茶红素进一步氧化成暗褐色的茶褐素，茶红素含量逐渐降低。

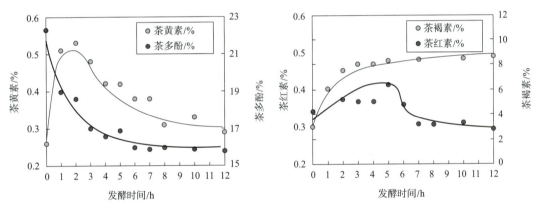

图 11-3　茶多酚、茶黄素、茶红素和茶褐素在发酵中的变化规律

茶黄素是红茶汤色亮度、香味鲜爽度和浓烈度的重要因素，茶红素是茶汤红浓度的主体，收敛性较弱、刺激性小。品质优良的红茶，其茶黄素和茶红素的含量均较高，而且茶红素与茶黄素的比值（TR/TF）也较适宜。茶汤冲入牛奶后，汤色粉红，既没有奶腥味，又能保持茶的香味。如果茶黄素多、茶红素少，冲入牛奶后呈姜黄色；相反，如果茶黄素少、茶红素多，冲入牛奶后则呈黄色中带灰色。

红茶中的茶黄素、茶红素与咖啡碱结合生成一种络合物，不溶于冷水。当茶汤冷却后，这种络合物便悬浮于茶汤中，使茶汤浑浊，俗称"冷后浑"。在红茶初制过程中，咖啡碱含量变化很小，因此"冷后浑"程度主要是由茶黄素和茶红素含量多少而定，而其中茶黄素含量的多少，尤为重要。"冷后浑"现象较显著的红茶，往往具有浓、强、鲜的特点，是品质优良的象征。

三、茶叶中茶黄素、茶红素、茶褐素的检测

茶黄素、茶红素、茶褐素可采用液相色谱法和系统分析法测定。其中，系统分析法适用于红茶中茶黄素、茶红素、茶褐素总量的测定，具有方便、快捷的特点。

系统分析法测定红茶中茶黄素、茶红素、茶褐素的含量，原理是茶黄素、茶红素、茶褐素能溶于不同的有机溶剂或溶液，可利用萃取方式实现三者的分离。该三类物质在波长 380 nm 处有最大吸收值。茶黄素、茶红素和茶褐素三者均溶于热水，茶黄素（TF）和 SⅠ 型茶红素（TR_{SI}）易溶于乙酸乙酯（或异丁基甲酮）；SⅡ 型茶红素（$TR_{SⅡ}$）易溶于正丁醇，而茶褐素（TB）不溶。

红茶茶汤先用乙酸乙酯将茶黄素（TF）和部分 SⅠ 型茶红素（TR_{SI}）萃取出来，然后用碳酸氢钠溶液萃取乙酸乙酯层，将 SⅠ 型茶红素（TR_{SI}）分离出来。SⅡ 型茶红素（$TR_{SⅡ}$）留在乙酸乙酯萃取后的水层中，用正丁醇萃取该水层，SⅡ 型茶红素（$TR_{SⅡ}$）转移到正丁醇层，茶褐素（TB）保留在水层。各层成分分离后，可用分光光度法进行比色测定。

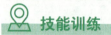 技能训练

训练任务　系统分析法测定红茶茶黄素、茶红素、茶褐素

一、材料、设备与试剂

（一）材料

按本书"任务二　取样与磨碎试样的制备"要求准备的红茶试样。

（二）设备

（1）分析天平：感量为 0.001 g、0.01 g。

（2）恒温水浴锅、抽滤装置、分光光度计。

（3）玻璃器皿：60 mL 和 125 mL 规格的梨形分液漏斗（聚四氟乙烯）、100 mL 具塞三角瓶、各类三角瓶、容量瓶和移液管等。

（三）试剂

（1）正丁醇、95％乙醇，均为分析纯。

（2）乙酸乙酯：分析纯，使用前用等体积的水洗涤萃取 2～3 次，以除去游离酸和其他水溶性物质。

（3）2.5％碳酸氢钠（$NaHCO_3$）溶液：称取 2.5 g 碳酸氢钠（优级纯）加水溶解后，定容至 100 mL（现配现用）。

（4）饱和草酸溶液：饱和草酸常温浓度约为 12.5％，可根据温度不同配制饱和溶液。

二、操作步骤

1. 供试液的制备

准确称取 3 g 磨碎红茶试样（精确至 0.01 g）于 500 mL 三角瓶中，加入沸水 125 mL，摇匀后在沸水浴中浸提 10 min，浸提期间搅拌 2～3 次。浸提完毕，取出摇匀，趁热抽滤于干燥三角瓶中，迅速冷却至室温，备用。

2. 萃取

（1）移取 25 mL 供试液于 125 mL 干燥的梨形分液漏斗中，加入 25 mL 乙酸乙酯，振荡萃取 5 min，静置分层后，将水层（下层）和乙酸乙酯层（上层）分别置于 100 mL 具塞三角瓶中，

并盖好瓶塞备用。

（2）吸取乙酸乙酯层溶液 2 mL 于 25 mL 容量瓶中，用 95％乙醇定容至刻度，摇匀，得到溶液 a（即为茶黄素 TF＋TR_{sI}）。

（3）吸取乙酸乙酯层溶液 15 mL 于 60 mL 干燥的梨形分液漏斗中，加入 2.5％碳酸氢钠溶液 15 mL，迅速强烈振荡 30 s，静置分层后，弃去碳酸氢钠水层（下层）。吸取乙酸乙酯层（上层）4 mL 于 25 mL 容量瓶中，用 95％乙醇定容至刻度，摇匀，得到溶液 c（茶黄素 TF）。

（4）吸取水层待用液 2 mL 于 25 mL 容量瓶中，加入 2 mL 饱和草酸溶液和 6 mL 水，用 95％乙醇定容至刻度，摇匀，得到溶液 d（即为 TR_{sII}＋TB）。

（5）分别吸取 15 mL 供试液和 15 mL 正丁醇于 60 mL 干燥的梨形分液漏斗中，振荡萃取 3 min，待分层后将水层（下层）放入 50 mL 三角瓶中，取水层溶液 2 mL 于 25 mL 容量瓶中，加入 2 mL 饱和草酸溶液和 6 mL 水，用 95％乙醇定容至刻度，摇匀，得到溶液 b（TB）。

3. 测定

用 10 mm 比色皿，以 95％乙醇做空白参比，在波长 380 nm 处，分别测定溶液 a、b、c、d 的吸光度（A）。

三、结果计算

（一）计算方法

红茶中茶黄素、茶红素、茶褐素的含量，分别按下式计算：

$$茶黄素的含量（\%）＝\frac{2.25×A_c}{m×w}$$

$$茶红素的含量（\%）＝\frac{7.06×（2A_a＋2A_d－A_c－2A_b）}{m×w}$$

$$茶褐素的含量（\%）＝\frac{7.06×2A_b}{m×w}$$

式中　m——试样质量/(g)；

　　　w——试样干物质含量/(％)；

　　　A_a——溶液 a 在波长 380 nm 处的吸光度；

　　　A_b——溶液 b 在波长 380 nm 处的吸光度；

　　　A_c——溶液 c 在波长 380 nm 处的吸光度；

　　　A_d——溶液 d 在波长 380 nm 处的吸光度；

　　　2.25、7.06——在同等操作条件下的换算系数。

（二）重复性

同一样品的两次测定值相对误差应≤10％，若测定值相对误差在此范围，则取两次测得值的算术平均值为结果，保留小数点后两位。

四、结果记录

将实验相关数据填入表 11-1 中。

表 11-1　茶叶中茶黄素、茶红素、茶褐素测定记录表

日期：　　　　　　　　　　　　　　　　　　　　　　　　　　　　　操作人：

主要仪器信息	分光光度计型号		
	分析天平型号		
项目		重复 1	重复 2
试样质量 m/g			
试样干物质含量 w（质量分数）/%			
试样提取液体积 V/mL			
溶液 a 吸光度（A_a）			
溶液 b 吸光度（A_b）			
溶液 c 吸光度（A_c）			
溶液 d 吸光度（A_d）			
茶黄素	含量/%		
	平均值/%		
茶红素	含量/%		
	平均值/%		
茶褐素	含量/%		
	平均值/%		

注意事项

（1）在本试验中，因乙酸乙酯、正丁醇等为易挥发有机溶剂，沸点较低，具有一定的毒性，因此，样品的萃取分离应在通风橱内进行；测试完毕后的废液应倒入有机废液收集桶内暂存，不可排入下水道。

（2）乙酸乙酯使用前用等体积的水洗涤萃取 2～3 次，以除去游离酸和其他水溶性物质。

（3）使用的分液漏斗、三角瓶等玻璃器皿需要干燥，尽可能使用聚四氟乙烯塞的分液漏斗，以避免玻璃塞的分液漏斗在使用中漏液，造成样品损失。

（4）除去酯相中的茶红素时，使用的 $NaHCO_3$，纯度要求较高，若其中含有 Na_2CO_3，则使 pH 值增高，同时使茶黄素损失，故宜用优级纯。$NaHCO_3$ 溶液应现配现用。也有使用 Na_2HPO_4 溶液去除酯相中的茶红素的报道（M. A. Hossain，2022）。

（5）为减少测定过程中因碱性引起茶黄素自动氧化，振荡时间以 30 s 为宜，时间过短茶红素去除不完全，茶黄素测定结果偏高，而振荡过久茶黄素可能因自动氧化导致测定值偏低。两相分层后，水层应立即弃去。

（6）溶液配制后及时比色，否则会影响结果，尤其是溶液 c。

（7）一般的红茶 TF 含量范围为 0.3%～1.5%，TR 含量范围为 8%～20%，TB 含量范围为 4%～9%。成品红茶中，TF 与 TR 比例以 1∶10～1∶12 为宜；若 TB 含量过高，则茶汤显得深暗。

任务十二　茶叶中水溶性糖含量的测定

 学习目标

理解茶叶中碳水化合物的概念和基本性质，掌握它们与茶叶品质的关系；掌握茶叶中水溶性糖含量测定的原理及方法；熟练地应用分光光度计测定茶叶中水溶性糖的含量；通过小组协作完成本任务，养成遵守实验室规定和团队协作的良好意识，形成严谨的科学态度，确保实验结果准确、可靠。

知识准备

一、茶叶中水溶性糖概述

糖类又称碳水化合物或醣类。茶叶中糖类含量一般为 $20\%\sim30\%$，包括单糖、双糖和多糖三类。茶叶中的单糖包括葡萄糖、甘露糖、半乳糖、果糖、核糖、木酮糖和阿拉伯糖等；双糖包括麦芽糖、蔗糖、乳糖等；三糖包括棉子糖等（图 12-1）。

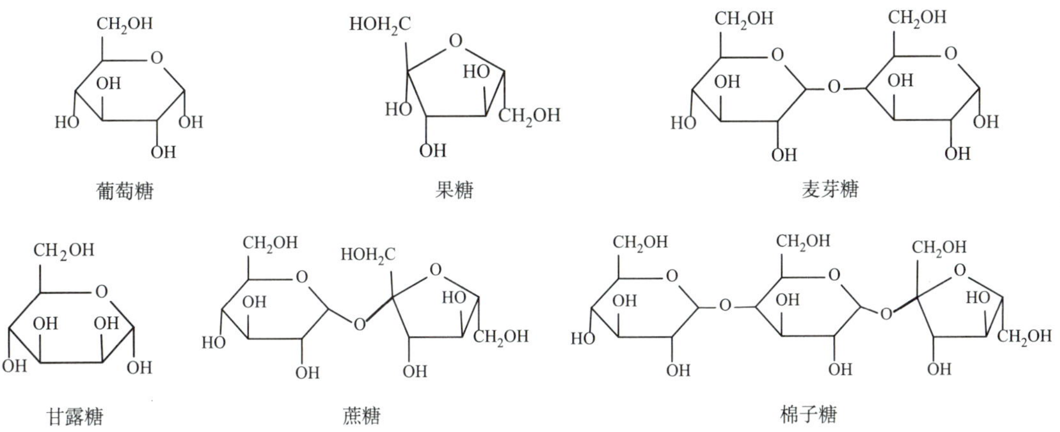

葡萄糖　　　　　　　果糖　　　　　　　麦芽糖

甘露糖　　　　　　　蔗糖　　　　　　　棉子糖

图 12-1　糖类结构

单糖和双糖通常溶于水，故称为水溶性糖或可溶性糖，具有甜味，能使茶汤甜醇，是茶叶滋味"醇度"的重要物质之一。

水溶性糖还参与茶叶香气的形成。有的茶叶具有"板栗香"或"甜香""焦糖香"，这些香气的形成，是制茶过程中糖类本身的变化，及其与氨基酸、多酚类化合物等物质相互作用的结果。

在茶叶中，水溶性糖含量一般为干物质的 $4\%\sim6\%$，如果其含量超过 8%，则存在人为添加外源糖的可能。因此，开展茶叶中水溶性糖含量的检测十分必要（表 12-1）。

表 12-1　茶叶中的水溶性糖含量

单糖/%				双糖/%		三糖/%	四糖/%	总量/%
阿拉伯糖	果糖	葡萄糖	其他单糖	蔗糖	麦芽糖	棉子糖	水苏糖	
0.4	0.7	0.5	0.3～1.2	2.5	0.45	0.1	0.1	5.05～5.95

二、水溶性糖的检测方法

食物中水溶性糖含量的测定方法有蒽酮比色法、铜还原碘量法、费林试剂法、原子吸收法、气相色谱法、液相色谱-蒸发光散射法等。其中，蒽酮比色法的原理是糖在浓硫酸作用下，可经脱水反应生成糠醛或羟甲基糠醛，生成的糠醛或羟甲基糠醛可与蒽酮反应，生成蓝绿色糠醛衍生物，在一定范围内，其颜色的深浅与糖的含量成正比。因此，可用蒽酮比色法测定茶叶中水溶性糖的总量。该方法灵敏度高，重现性较好，设备简单，便于操作。

 **技能训练**

训练任务　蒽酮比色法测定茶叶中水溶性糖的含量

一、材料、设备与试剂

（一）材料

按本书"任务二　取样与磨碎试样的制备"要求准备的试样。

（二）设备

（1）电子天平：感量为 0.000 1 g。

（2）恒温电热水浴锅。

（3）分光光度计。

（4）恒温干燥箱。

（三）试剂

（1）浓硫酸（分析纯）。

（2）蒽酮试剂。称取蒽酮（分析纯）0.5 g 溶于 25 mL 乙酸乙酯（分析纯）中，振摇溶解后，置棕色瓶中密塞备用。

（3）200 μg/mL 葡萄糖标准溶液储备液。精密称取经 105 ℃ 干燥 2 h 的无水葡萄糖 100 mg 于 500 mL 容量瓶中，加水溶解，定容，摇匀，备用。

（4）葡萄糖标准工作液。分别吸取葡萄糖标准溶液储备液 0.5、1.0、1.5、2.0、2.5、3.0（mL）于一系列 10 mL 容量瓶中，用水定容，得到浓度分别为 10、20、30、40、50、60（μg/mL）的葡萄糖标准工作液，摇匀，备用。

二、操作步骤

（一）测试液的制备

准确称取磨碎试样 0.5 g（精确至 0.001 g）于 500 mL 三角瓶中，加入 400 mL 沸水，在沸水浴中浸提 45 min，每隔 10 min 摇动一次，减压过滤。洗涤残渣，滤液合并于 500 mL 容量瓶中，冷却后加水定容至刻度，摇匀，待测。

（二）测定

1. 标准曲线制作

分别吸取 1.0 mL 葡萄糖标准工作液于一系列 20 mL 干燥具塞试管中，加入蒽酮试剂 0.5 mL、浓硫酸试剂 5.0 mL，立刻小心摇匀，然后放入沸腾水浴锅中准确保温 1 min，取出后冷却至室温。同时以 1.0 mL 水，加蒽酮试剂 0.5 mL 和浓硫酸试剂 5.0 mL 做空白参比，用 5 mm 比色皿，在 624 nm 波长处测定吸光度。

根据葡萄糖工作液的吸光度与各工作液的葡萄糖浓度，制作标准曲线。以葡萄糖浓度（μg/mL）为横坐标、波长为 624 nm 处对应的吸光度为纵坐标，求得线性回归方程和相关系数（r）。

2. 测定

吸取 1.0 mL 测试液，置于 20 mL 干燥具塞试管中，加入蒽酮试剂 0.5 mL、浓硫酸试剂 5.0 mL，立刻小心摇匀，然后放入沸腾水浴锅中准确保温 1 min，冷却至室温。同时以 1.0 mL 水，加蒽酮试剂 0.5 mL 和浓硫酸试剂 5.0 mL 做空白参比，用 5 mm 比色皿，在 624 nm 波长处测定吸光度。

三、结果计算

（一）计算方法

比较试样和标准工作液的吸光度，按下式计算水溶性糖含量：

$$水溶性糖含量（\%）=\frac{A\times V}{SLOPE_{Std}\times M\times W\times 10^6}\times 100$$

式中 A——测试液吸光度；

V——测试液体积（500 mL）；

$SLOPE_{Std}$——葡萄糖标准曲线的斜率；

W——试样干物质含量（质量分数）（%）；

M——试样质量（g）。

（二）重复性

在重复性条件下获得的两次独立测定结果的绝对差值不得超过算术平均值的 5%。若测定值相对误差在此范围内，则取两次测定值的算术平均值为结果，保留小数点后两位。

四、结果记录

将实验相关数据填入表 12-2 中。

表 12-2 茶叶中水溶性糖含量测定记录表

日期：　　　　　　　　　　　　　　　　　　　　　　　　　　操作人：

主要仪器信息	分光光度计型号		
	分析天平型号		
项目		重复 1	重复 2
试样质量 M/g			
试样干物质含量 W（质量分数）/%			
测试液体积 V/mL			

续表

项目	重复1			重复2			
测试液吸光度 A							
标准曲线							
葡萄糖浓度/$(\mu g \cdot mL^{-1})$	0	10	20	30	40	50	60
吸光度 A							
葡萄糖标准曲线							
相关系数 r							
标准曲线斜率 $SLOPE_{Std}$							
试样中水溶性糖含量/%							
平均值/%							

注意事项

（1）蒽酮不稳定，需现配现用，并避光保存。

（2）浓硫酸具有强腐蚀性，操作时要仔细。出于安全考虑，可采用移液枪代替移液管移取浓硫酸，加入浓硫酸时应缓慢加入，防止爆沸。

（3）反应体系在沸腾水浴锅中保温时，应将试管塞打开，同时避免水蒸气进入试管，导致体积发生变化。

任务十三　茶叶中灰分含量的测定

学习目标

理解茶叶中灰分的基本性质，掌握它们与茶叶品质的关系；掌握茶叶中灰分含量测定的原理及方法；熟练地应用高温电炉测定茶叶中灰分的含量；通过小组协作完成本任务，养成良好的团队协作意识，形成严谨的科学态度。

知识准备

一、茶叶中灰分概述

茶叶无机成分中含量最多的是磷、钾，其次是钙、镁、铁、锰、铝、硫、硅，微量成分有锌、铜、氟、钼、硼、铅、镍等20余种。这些无机化合物经高温灼烧后形成的无机物质，称为灰分或总灰分，占茶叶干物质总量的4%～7%。

茶叶灰分根据溶解性不同，可分为水溶性灰分和水不溶性灰分两种，水不溶性灰分又可分为酸不溶性灰分和酸溶性灰分两个部分（表13-1）。

表 13-1 茶叶灰分中的主要物质

项目		氧化物	磷酸盐			硫酸盐	硅酸盐	氯化物	
水溶性灰分		K_2O Na_2O SO_3 P_2O_5	K_2PO_4 K_2HPO_4 KH_2PO_4 Na_2HPO_4	$MgHPO_4$ $MnHPO_4$ Na_3PO_4 NaH_2PO_4		K_2SO_4 Na_2SO_4 $MgSO_4$ $MnSO_4$	K_2SiO_3 Na_2SiO_3	KCl $CaCl_2$ $MnCl_2$ $FeCl_3$	$NaCl$ $MgCl_2$
水不溶性灰分	酸溶性灰分	MgO MnO CaO Fe_2O_3	$Ca_3(PO_4)_2$ $CaHPO_4$ $Mg_3(PO_4)_2$ $MgHPO_4$	$Mn_3(PO_4)_2$ $FePO_4$		$CuSO_4$	$CaSiO_3$ $MgSiO_3$		
	酸不溶性灰分						$MnSiO_3$ $FeSiO_3$		

水溶性灰分与茶叶品质呈正相关，占总灰分的 $50\%\sim60\%$。鲜叶越幼嫩，含钾、磷较多，水溶性灰分含量越高，茶叶品质也就越好。随着茶芽新梢的生长，叶片的老化，钙、镁含量逐渐增加，总灰分含量增加，水溶性灰分含量减少，茶叶品质变差。因此，水溶性灰分含量高低，是区别鲜叶老嫩的标志之一。

灰分是茶叶质量检验的指标之一，不同茶类灰分含量要求有所差异，一般红茶、绿茶要求总灰分含量不超过 7.5%，黑茶不超过 8.5%（表 13-2）。

表 13-2 不同茶类灰分含量标准

茶类		总灰分含量/%	水溶性灰分占总灰分比例/%
绿茶		≤7.5	≥45
红茶	红碎茶	≥4.0，≤8.0	≥45
	工夫茶	≤6.5	≥45
	小种红茶	≤7.0	—
白茶	紧压寿眉	≤7.0	—
	其他白茶	≤6.5	—
黄茶	芽型、芽叶型	≤6.5	—
	多叶型、紧压型	≤7.5	—
乌龙茶		≤6.5	—
黑茶	散茶	≤8.0	—
	紧压茶	≤8.5	—

二、灰分的检测

茶叶灰分的测定依据《食品安全国家标准 食品中灰分的测定》（GB 5009.4—2016）的要求执行，其中茶叶经灼烧后所残留的无机物质称为总灰分，其含量经灼烧、称重后计算得出；用热水提取总灰分，经无灰滤纸过滤，灼烧、称量残留物，测得水不溶性灰分；由总灰分和水不溶性灰分的质量之差计算水溶性灰分。

技能训练

训练任务　茶叶中灰分含量的测定

一、材料与设备

（一）材料

按本书"任务二　取样与磨碎试样的制备"要求准备的试样。

（二）设备

(1) 高温电炉：最高使用温度≥950 ℃。

(2) 分析天平：感量分别为 0.1 mg、1 mg、0.1 g。

(3) 石英坩埚或瓷坩埚。

(4) 干燥器（内有干燥剂）、电热板、恒温水浴锅、无灰滤纸、漏斗、烧杯（高型，容量为 100 mL）、表面皿（直径为 6 cm）。

二、操作步骤

（一）坩埚预处理

取大小适宜的石英坩埚或瓷坩埚置于高温炉中，在（550±25）℃下灼烧 30 min，冷却至 200 ℃左右，取出，放入干燥器中冷却 30 min，准确称量。重复灼烧至前后两次称量相差不超过 0.5 mg 为恒重。

（二）称样

称取磨碎试样约 5 g（精确至 0.000 1 g），均匀分布在坩埚内，不要压紧。

（三）总灰分测定

将坩埚置于电热板上，半盖坩埚盖，以小火加热使样品完全炭化至无烟，即刻将坩埚放入高温炉内，在（550±25）℃灼烧 4 h。冷却至 200 ℃左右，取出，放入干燥器中冷却 30 min，称量前如发现灼烧残渣有炭粒，应向试样中滴入少许水湿润，使结块松散，蒸干水分再次灼烧至无炭粒即表示灰化完全，方可称量。重复灼烧至前后两次称量相差不超过 0.5 mg 为恒重。

（四）水不溶性灰分测定

用约 25 mL 热蒸馏水分次将总灰分从坩埚中洗入 100 mL 烧杯，盖上表面皿，用小火加热至微沸，防止溶液溅出。趁热用无灰滤纸过滤，并用热蒸馏水分次洗涤杯中残渣，直至滤液和洗涤液体积约达 150 mL 为止。将滤纸连同残渣移入原坩埚，放在沸水浴锅上小心地蒸去水分，然后将坩埚烘干并移入高温炉，以（550±25）℃灼烧至无炭粒（一般需 1 h）。待炉温降至 200 ℃时，放入干燥器，冷却至室温，称重（准确至 0.000 1 g）。再放入高温炉内，以（550±25）℃灼烧30 min，如前冷却并称重。如此重复操作，直至连续两次称重之差不超过 0.5 mg 为止，记下最小质量。

三、结果计算

（一）计算方法

(1) 总灰分含量，按式（13-1）计算：

$$X_1 = \frac{m_1 - m_2}{(m_3 - m_2) \times w} \times 100 \tag{13-1}$$

（2）水不溶性灰分含量，按式（13-2）计算：

$$X_2 = \frac{m_4 - m_2}{(m_3 - m_2) \times w} \times 100 \tag{13-2}$$

（3）水溶性灰分含量，按式（13-3）或式（13-4）计算：

$$X_3 = \frac{m_1 - m_4}{(m_3 - m_2) \times w} \times 100 \tag{13-3}$$

$$X_3 = X_1 - X_2 \tag{13-4}$$

式中　X_1——试样中总灰分含量，单位为克每百克 [g/(100 g)]；

　　　X_2——试样中水不溶性灰分含量，单位为克每百克 [g/(100 g)]；

　　　X_3——试样中水溶性灰分含量，单位为克每百克 [g/(100 g)]；

　　　m_1——坩埚与总灰分的质量，单位为克（g）；

　　　m_2——坩埚的质量，单位为克（g）；

　　　m_3——坩埚与试样的质量，单位为克（g）；

　　　m_4——坩埚与水不溶性灰分的质量，单位为克（g）；

　　　w——试样干物质含量，质量百分数（%）。

（二）重复性

在重复性条件下获得的两次独立测定结果的绝对差值不得超过算术平均值的 5%。若测定值相对误差在此范围内，则取两次测得值的算术平均值为结果，保留两位有效数字。

四、结果记录

将实验相关数据填入表 13-3 中。

表 13-3　茶叶灰分含量测定操作记录表

日期：　　　　　　　　　　　　　　　　　　　　　　　　　　　操作人：

主要仪器信息	高温电炉型号		
	分析天平型号		
称量记录		**重复 1**	**重复 2**
坩埚恒重称量 m_2/g	第 1 次		
	第 2 次		
	第 3 次		
坩埚和试样的质量 m_3/g			
坩埚与总灰分 恒重称量 m_1/g	第 1 次		
	第 2 次		
	第 3 次		
坩埚与水不溶性灰 分恒重称量 m_4/g	第 1 次		
	第 2 次		
	第 3 次		
试样干物质含量 w（质量百分数）/%			

续表

称量记录		重复 1	重复 2
总灰分 X_1	含量 [g·(100 g)$^{-1}$]		
	平均值 [g·(100 g)$^{-1}$]		
水不溶性灰分 X_2	含量 [g·(100 g)$^{-1}$]		
	平均值 [g·(100 g)$^{-1}$]		
水溶性灰分 X_3	含量 [g·(100 g)$^{-1}$]		
	平均值 [g·(100 g)$^{-1}$]		

注意事项

（1）取样量。取样量应根据试样的种类和形状来决定。所取茶样的灰分与其他成分相比含量较少，取样时应考虑称量误差，以灼烧后得到的灰分量为 100～300 mg 来决定取样量。取样量不宜太少，否则灼烧后得到的灰分少，容易引起称量误差而影响实验结果。

（2）灰化容器。坩埚是测定灰分常用的灰化容器。其中，最常用的是瓷坩埚，它具有耐高温、耐酸、价格低等优点；但耐碱性差，瓷坩埚内壁的釉层会被部分溶解，造成坩埚吸留现象，多次使用往往难以得到恒重，在这种情况下宜使用新的瓷坩埚或使用铂坩埚。

灰化容器的大小主要考虑试样的质地、密度等因素，取样量较大的样品，须选用稍大些的坩埚。

（3）灰化时间。以样品灼烧至灰分呈白色或浅灰色、无炭粒存在并达到恒量为止。灰化达到恒量的时间因试样不同而异，一般需 2～5 h。茶叶样品灰化完全，残灰一般呈白色或浅灰色。

（4）灼烧前后坩埚预热或预冷。用坩埚钳将坩埚放入高温电炉或从炉中取出时，要放在炉口停留片刻，使坩埚预热或冷却，防止因温度剧变而使坩埚破裂。

（5）坩埚冷却。灼烧后的坩埚应冷却到 200 ℃ 以下再移入干燥器，否则因热的对流作用，容易造成残灰飞散。坩埚在干燥器中冷却时，前期宜留一小缝以消除干燥器内外气压差，以防止冷却后干燥器内气压降低，盖子不易打开。待温度进一步下降后方可盖严。开盖时，要小心缓慢地平推干燥器盖，防止开盖过猛，因空气作用造成残灰飞散。

（6）灰分的利用。灰化后的残渣可留作铅、铜、铬等无机成分的分析。

（7）坩埚的清洗。用过的坩埚经初步洗刷后，可用稀盐酸浸泡 10～20 min，再用水冲洗干净。

任务十四　茶叶中芳香物质的测定

学习目标

理解茶叶中芳香物质的基本性质、种类和特点，掌握它们与茶叶品质的关系；掌握茶叶香气含量测定的原理及方法，能应用气相色谱质谱联用仪测定茶叶中的香气含量；通过茶叶中的香气测定，养成遵守实验室规定和爱护精密仪器的良好意识。

 **知识准备**

一、茶叶中芳香物质概述

香气是茶叶的重要品质属性。良好的茶叶香气不仅会促进消化器官的运动和消化液的分泌，还会使人身心愉悦、神清气爽。

茶叶中的香气，是由众多性质不同、含量微少而差异悬殊的挥发性物质对人嗅觉神经综合作用而形成的。这些易挥发性物质，即茶叶中的香气物质或芳香物质，也称为"挥发性香气组分"，因其性质、含量、种类和比例等因素差异，使茶叶表现出清香、花香、果香和陈香等各种茶叶香型。

研究表明，在茶叶中已分离鉴定的芳香物质约有 700 种，但其主要成分仅为数十种。有些是红茶、绿茶、鲜叶共有的，有些是各个茶类所特有的，有些是在鲜叶生长过程中合成的，有些是在茶叶加工过程中产生的。一般而言，鲜叶中含有的香气物质种类较少，达 80 余种，绿茶中有 260 余种，红茶中有 400 多种，乌龙茶中可达 500 多种。

（一）茶叶中芳香物质的种类

研究表明，茶叶中芳香物质主要包括碳氢化合物、醇类、酮类、酸类、醛类、酯类、内酯类、酚类、其他类（含氧、含硫、含氮化合物）等。茶叶中芳香物质的类别及代表物质见表 14-1。

表 14-1 茶叶中芳香物质的类别及代表物质

茶叶芳香物质类别		代表物质
碳氢化合物（多为烯烃）		β-香叶烯、α-法尼烯、莰烯、柠檬烯、萜品油烯、α-蒎烯
醇类	脂肪醇类	顺-3-己烯醇（青叶醇）、反-3-己烯醇
	芳香醇类	苯甲醇、苯乙醇、苯丙醇
	萜烯醇类	芳樟醇、香叶醇、橙花醇、香草醇、橙花叔醇
醛类	脂肪醛类	乙醛、正戊醛、2-己烯醛、异丁醛、壬醛
	芳香醛类	苯甲醛、肉桂醛
	萜烯醛类	橙花醛（顺-柠檬醛）、香叶醛（反-柠檬醛）、香草醛
酮类		苯乙酮、α-紫罗酮、β-紫罗酮、茉莉酮、茶螺烯酮
酸类		乙酸、丙酸、异戊酸、水杨酸、棕榈酸、顺-3-己烯酸
酯类	芳香酯类	苯乙酸苯甲酯、水杨酸甲酯、邻氨基苯酸甲酯
	萜烯酯类	乙酸香叶酯、乙酸香草酯、乙酸芳樟酯、乙酸橙花酯
内酯类		4-辛烷内酯、4-壬烷内酯、5-癸烷内酯、茉莉内酯、二氢海葵内酯
酚类		2-乙基苯酚、4-乙基愈创木酚、丁香酚、麝香草酚（百里香酚）
其他类	含氧化合物	2-乙基呋喃、茴香醚、茴香脑、1，1-二甲氧基乙烷
	含硫化合物	二甲硫、噻吩
	含氮化合物	2，5-二甲基吡嗪、2-甲酰吡咯、喹啉、吡啶

（二）茶叶中芳香物质的性质及特点

1. 一般物理性质

茶叶中的芳香物质为多种不同成分组成的混合物，多数有一个（或以上）不饱和双键，或含某些对香气形成具有促进作用的活性基团。常温下，茶叶中的芳香物质多为油状液体，呈无色或微黄色，大多具有香气（或特异气味），极易挥发；易溶于各种有机溶剂如无水乙醇，在水中溶解度极小；常压下沸点一般为 70～300 ℃；密度差异大，一般情况下比水轻，对光、热、氧极敏感，易转化为其他物质，或被氧化从而失去香气。

2. 特点

（1）含量微少。茶叶中的芳香物质在茶中的绝对含量很少，一般只占干物质的 0.02％。在绿茶中占 0.02％～0.05％，在红茶中占 0.01％～0.03％，在鲜叶中占 0.03％～0.05％。但当采用一定方法提取茶中香气成分后，茶就会无茶味。因此，茶叶中的芳香物质对茶叶品质的形成具有重要作用。

（2）种类繁多。茶叶中发现并鉴定的芳香物质有醇、醛、酮、酸、酯、内酯、酚及其衍生物、杂环类、杂氧化合物、含硫化合物、含氧化合物等 10 余大类，香气成分达 700 余种。

（3）不同茶类的组成不同。茶鲜叶芳香物质的种类相对较少，但在制造过程中，香气成分发生了改变，从而形成不同的茶香。例如，绿茶加工时经高温杀青钝化酶的活性，使原料化学成分在热作用下变化，以及经干燥过程的"美拉德"反应，形成特殊的"板栗香""焦糖香"等，主要由具有烘炒香的化学成分（如吡嗪、吡喃及吡咯类等香气物质）贡献；红茶香气则多来自发酵中酶促氧化及其他一系列化学变化，以醛、酮、酸等化合物为主，从而形成红茶特有的甜花香；乌龙茶香气更多源于做青过程中酶促水解作用，产生的化合物以醇、酮、酯、酸类等为主，形成乌龙茶的花果香。

（4）相同茶类也有差别。不同地区的生态环境及地理状况，造成同一茶类，产于不同的地区，具有不同的差异。如云南红茶具有特殊的甜香，祁门红茶具有特殊的玫瑰花香（祁门香），阿萨姆红茶则具有"阿萨姆香"。同样是绿茶，大宗的炒青绿茶（如屯绿、川绿等）往往具有栗香，而名优绿茶（如毛峰等）往往具有清香，高山绿茶则具有嫩香等。

（三）不同茶类的香气组成

某种茶叶的香气是由以某几种香气物质为主体，配以其他几十种或几百种带香物质共同混合而成的，并因地区、品种、加工方法不同而有所区别。

1. 绿茶的香气物质

绿茶的香气，除鲜叶中原来含有的香味物质外，在制茶过程中，由于湿热作用，发生系列化学变化，生成一些新的具有芳香气味的物质。通过高温杀青，青叶醇、青叶醛等低沸点芳香物质逸散，同时使原有的顺式青叶醇异构化，形成具有清香气味的反式青叶醇。绿茶中具有的紫罗兰香气是 β-胡萝卜素经氧化裂解而形成的，绿茶中所含的甲基蛋氨酸盐经过分解，生成丝氨酸和二甲硫。二甲硫使绿茶具有特有的新茶香。

在绿茶香气主要组成中，顺-3-己烯酸乙烯酯、反-2-己烯酸和二甲硫具有春季绿茶典型的新茶香。苯甲醇、苯乙醇、香叶醇、芳樟醇及其氧化物、橙花叔醇、顺茉莉酮、紫罗酮、吡嗪类、吡咯类、吲哚类、糖醛类等都是极为重要的香气物质。

2. 红茶的香气物质

红茶的香气形成比绿茶更为复杂，鲜叶中的香味物质约有几十种，制成红茶后香味物质增加到 400 种以上，其中，以醛、酸和酯含量最高。这三类物质除鲜叶原来含有的，主要是在制茶过程中由其他物质转化而来。如醇类氧化成酸、氨基酸降解成醛等，这些新生成的香气物质，大部分带有令人愉快的香气。在红茶制造过程中，由于具有充足的氧化条件，醛类物质呈现较大幅度增加，可以从原来的 3％增加到 30％，对红茶香气的形成产生良好的影响。

鲜叶原有的醇类物质与酸类物质在酶的作用下发生酯化反应，从而形成芳香物质，类胡萝卜素降解能形成 α-紫罗酮和 β-紫罗酮，进一步氧化生成二氢海葵内酯和茶螺烯酮，使红茶具有特殊的香气。日本学者山西贞从斯里兰卡红茶中鉴定出 4-辛烷内酯、4-壬烷内酯、5-癸烷内酯、2，3-二甲基-2-壬烯-4-内酯、茉莉内酯和茉莉酮酸甲酯六种酯类物质，并认为茉莉酮酸甲酯和茉莉内酯是决定斯里兰卡红茶特征香气的最重要物质。她又提出中国祁门红茶的香气特征是以香叶醇、香叶酸、苯甲酸、α-苯乙醇为主要成分。中国广东、广西的红茶则是以芳樟醇及其氧化物含量较高。在制茶过程中类脂物质降解产物，如顺-2-己烯醛、反-3-己烯醇及其酯类带鲜香和花香的物质，以及苯甲醇、苯乙醇、苯乙酸、香叶酸、β-紫罗酮等带花香的物质，都将影响红茶的香气成分。

3. 乌龙茶的香气物质

据资料表明，从乌龙茶中分离鉴定的香气成分已超过 500 种，主要特征香气成分有茉莉内酯、茉莉酮酸甲酯、橙花叔醇、苯乙基甲酮、苯甲基氰化物和吲哚等。

乌龙茶的香气与品种密切相关，即所谓的"品种香"。竹尾忠一认为，与乌龙茶品种有关的成分主要有芳樟醇及其氧化产物、香叶醇、橙花叔醇、苯甲醇、2-苯乙醇、顺-茉莉酮、茉莉内酯和茉莉酮酸甲酯等；林正奎等从乌龙茶品种中发现了 12 种特征香气成分，绝大部分与竹尾忠一的结论一致。这些成分，尤其是香叶醇、芳樟醇及其氧化产物和橙花叔醇在品系（种）之间表现出一定的稳定性和差异性。福建乌龙茶含量最高的香气成分是橙花叔醇，但品种个体间差别很大，在水仙中占香气总量的 5％～14％，但在春兰中占 55.5％，足以说明乌龙茶"品种香"的普遍性和显著性。

二、茶叶香气的测定方法

茶叶香气成分的测定包括提取、富集、分离检测、定性定量等几个步骤。

（一）茶叶香气的提取

香气的分析测定一直是茶叶科研领域的一个重要课题，对香气研究的第一步就是对其进行提取分离，它直接关系到对香气的定性定量分析结果。茶叶中的香气物质含量低微、组分复杂、易挥发、不稳定，在提取过程中由于受外界条件的影响，很容易发生氧化、缩合、聚合、基团转移等复杂的化学反应，使提取的香精油不能很好地反映茶叶本身的香气特征，从而不能正确地判断茶叶的品质。

目前，香气物质提取的技术主要有同时蒸馏萃取、顶空分析和固相微萃取等。

1. 同时蒸馏萃取

同时蒸馏萃取（simultaneous distillation－extraction method，SDE）技术最初是一种将水进行蒸汽蒸馏和有机溶剂抽提结合起来的方法，即首先从样品中蒸馏出挥发性物质，再使用低沸点溶剂萃取蒸馏液。SDE 技术广泛应用于熟肉、茶、动植物油脂、蜂蜜、蛋品、乳品，以及各种果蔬风味物质的生产和研究中。此后 SDE 出现许多改良型的装置，这类装置对多种化合物都具有较高的回收率，且在常压及减压条件下均可使用。

该方法具有需样量少、操作简化、可获得高浓度的香气物质等优点，能把 10^{-9} 级浓度的挥发性有机物浓缩数千倍，对微量成分提取效率高。但是，由于 SDE 技术的香气提取过程保持在密闭系统内反复进行，萃取温度高，高温作用时间长，次生反应剧烈，所获香精油感官上与茶样香气特征差别较大，特别是对一些热敏性香气成分有影响。

2. 顶空分析

顶空分析（headspace analysis，HAS）是一种简捷、实用的技术，其原理是将待测茶样放入一个密闭的容器，茶样中的挥发成分便从茶叶中释放出来，进入容器的顶部上空，再将一定量的顶空气体注入气相色谱中进行分析即可。

顶空分析技术能迅速处理大量样品，减少了由于长时间处理和加热蒸馏造成的损失，香气特征的再现性较好。其缺点是对热敏性物质依然有影响，较 SDE 技术香精油获得率低，高沸点化合物少，如何富集足够浓度的试样以供分析是该技术的关键。

3. 固相微萃取

固相微萃取（solid phase micro－extraction，SPME）是由加拿大滑铁卢大学 Pawliszyn 及其合作者于 1900 年提出的，由美国 Supelco 公司于 1994 年推出其商业化产品，目前，国内已有成熟的产品。它是利用微纤维表面少量的吸附剂，从样品中分离和浓缩分析物的技术，集采样、富集和进样于一体，尤其适合与气相色谱联用，为样品预处理开辟了一个全新的局面（图 14-1）。固相微萃取作为一种新型和高效的样品处理技术，已经被广泛地应用于各类食品风味的分析检测中。与其他的提取分析茶叶中挥发性风味物质的技术相比，SPME 技术具有不使用溶剂、操作方便、检测速度快、能尽可能减少被分析的香味物质的损失等优点，因此，得到越来越广泛的应用。

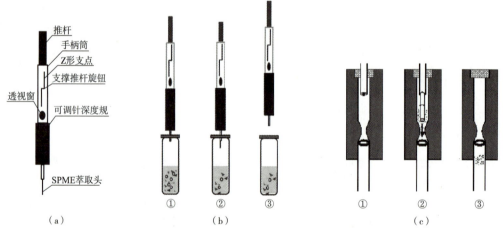

图 14-1　SPME 萃取原理及工作过程

（a）SPME 萃取设备结构简图；

（b）SPME 萃取过程：①SPME 进样针穿透顶空瓶隔垫；②推动推杆，推出萃取头于顶空瓶上空进行吸附；
③收回推杆，收回萃取头，取下 SPME 进样针；

（c）SPME 色谱分析解吸过程：①SPME 进样针穿透进样口隔垫；②推动推杆，推出萃取头于进样口解吸；
③吸附的香气物质解吸，并进入色谱柱分析

（二）富集

由于茶叶香精油含量极低，故必须浓缩，除去多余溶剂，富集香气。

利用同时蒸馏萃取技术提取时，使用了较多的有机溶剂，致使香气成分浓度极低，难以直接进样分析。常用浓缩方法具有低温蒸发法和氮吹浓缩法，浓缩至 0.1～0.3 mL。低温蒸发法由于温度为 40～45 ℃，时间长，部分低沸点香气物质逸失，使分析结果中低沸点香气物质的准确性和真实性受到质疑。氮吹浓缩法氮气温度低，能较好地保留香气组分，但由于低温，水汽易凝结于瓶中，给香气分析带来一定的误差。

对于顶空分析技术和固相微萃取技术，则无须对香气进行浓缩，而是直接分析。

（三）分离检测

茶叶总精油样中含有几百种香气成分，目前，这些成分的分离检测广泛采用气相色谱（GC）或气相色谱质谱（GC－MS）联用技术。

气相色谱技术具有分离效能高、分析速度快、选择性高等优点，可以对同位素、空间异构体、光学异构体等进行有效的分离。气相色谱技术的局限性主要表现在对被分离组分的定性上，需要比较样品与标样的相对出峰时间，以对香气物质进行定性。但是气相色谱技术的不足可以通过各种联用技术来弥补，如采取 GC－MS 联用技术。

（四）定性定量

当混合样品注入气相色谱，经色谱柱分离后的物质由分子分离器进入电离室，被电子轰击形成离子，其中，部分离子进入离子检测器。经过质谱快速扫描后导出组分的质谱图，与 NIST 化学数据库（NIST/EPA/NIH Mass Spectral Library）进行检索、对比，并结合保留指数、相关参考文献等对该组分进行定性。GC－MS 联用技术综合了气相色谱高分离能力和质谱高鉴别能力的优点，实现了茶叶香气成分的快速定性分析。

茶叶香气成分的定量分析方法有归一法、内标法和外标法等，其中，茶叶香气成分组分复杂，外标法定量十分困难。

（1）归一法：计算组分峰面积（或峰高）与校正因子的积，并利用其与所有组分积之和的百分比来表示各组分的含量。该法无须知道准确进样量，操作条件的变动对结果影响较小，但在分析时需要校正因子，必须将样品的全部组分馏出。

（2）内标法：在待测组分中，加入茶叶香气组分中并不存在的、一定量的某纯品物质，作为内标，根据相对峰面积或峰高之比，求待测组分的百分含量。

多采用归一法、内标法计算茶叶香气成分组分的相对含量。

 技能训练

训练任务　固相微萃取-气相色谱-质谱联用法（SPME－GC－MS）测定茶叶中的香气物质

一、材料、设备与试剂

（一）材料

按本书"任务二　取样与磨碎试样的制备"要求准备的红茶试样。

（二）设备

（1）电子天平：为感量 0.01 g、0.000 1 g。

（2）恒温水浴锅。

（3）气相色谱质谱联用仪，配备 DB-5MS 毛细管色谱柱（30 m×0.25 mm×0.25 μm）。

（4）手持式固相微萃取手柄及支架、100 μm 非结合型二甲基硅氧烷（polydimethylsiloxane, PDMS）萃取头、20 mL SPME 专用样品瓶。

（5）旋涡振荡仪。

（三）试剂

（1）甲醇、氯化钠（分析纯）。

（2）癸酸乙酯内标母液：称取 0.05 g 癸酸乙酯（精确至 0.000 1 g）于 50 mL 容量瓶中，用甲醇定容，摇匀，得到约 1 mg/mL 的癸酸乙酯内标母液。

（3）癸酸乙酯内标工作液：对癸酸乙酯内标母液进行逐级稀释，得到浓度约为 0.1 μg/mL 的癸酸乙酯内标工作液。

二、操作步骤

1. PDMS 萃取头老化

将 PDMS 萃取头安装在 SPME 手柄上，并插入气相色谱仪的进样口，推出萃取头探针，在 250 ℃ 的条件下老化 2 h。

2. 茶叶香气萃取

称取 1.0 g 茶叶样品、2～3 g NaCl 于 SPME 专用样品瓶中，准确加入 100 μL 癸酸乙酯内标工作液，并加入 5 mL 沸水后加盖，立即置于旋涡振荡仪上浸润混匀 1 min，然后置于 65 ℃ 水浴中平衡 5 min。

将在 250 ℃ 条件下老化 2 h 的 100 μm PDMS 萃取头插入样品瓶上部，推出萃取头探针，经固相微萃取吸附 60 min。

3. 气相色谱质谱联用分析

香气萃取完毕，收回探针，取出 SPME 手柄，插入气相色谱质谱联用仪进样口，推出萃取头探针解吸 5 min，进行 GC-MS 联用分析。

色谱条件：进样口温度为 230 ℃，接口温度为 230 ℃，载气为高纯 He，流速为 1.0 mL/min，采用不分流进样。程序升温参数：40 ℃ 保持 2 min；然后以 5 ℃/min 升至 110 ℃，保持 2 min；再以 4 ℃/min 升至 180 ℃，保持 3 min；最后以 2.5 ℃/min 升至 220 ℃，保持 3 min。

质谱条件：离子源为 EI 源，四极杆温度为 230 ℃，扫描方式为 Scan，扫描范围为（m/z）35～400。

三、定性与定量

1. 谱图解析与定性分析

对 GC-MS 联用技术检测茶叶香气组分，得到茶叶香气组分的离子流色谱图。对分离出的组分逐一进行质谱图解析，与 NIST 化学数据库（NIST/EPA/NIH Mass Spectral Library）进行检索、对比，并结合保留指数、相关参考文献等对该组分进行定性。

例如，在图 14-2 中检索保留时间为 28.1 min、编号为 34 号的化合物，在 NIST 化学数据库软件中进行检索、对比，结果如图 14-3 所示，该化合物与癸酸乙酯相似度高达 91%，而且软件给出的前 4 个选项中均是癸酸乙酯。因此，可以确定保留时间为 28.1 min 的化合物为癸酸乙酯，即内标。

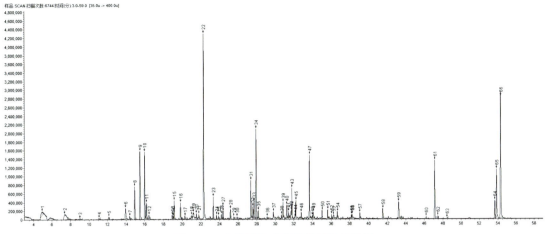

图 14-2　红茶香气成分的离子流色谱图

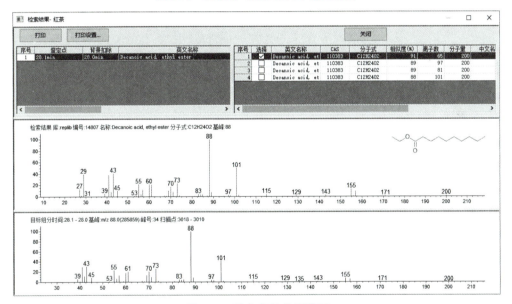

图 14-3　某化合物的质谱图

其他组分可依此逐一定性。

一般情况下，选择相似指数（similarity index，SI）≥80％的组分进行定性。当相似指数＜80％时，可进一步依靠保留指数、参考文献进行分析后定性。当相似指数＜70％时，一般不再对该化合物定性，不列入定量计算。

2. 定量计算

茶叶香气成分较难准确定量，一般采用内标法半定量，某种香气成分的相对含量计算按公式（14-1）进行，茶叶香气成分总量计算按式（14-2）或式（14-3）进行：

$$A_n\ (\mu g/kg) = \frac{C_i \times V \times S_n}{S_i \times m \times w \times 10^6} \tag{14-1}$$

$$A\ (\mu g/kg) = \sum_1^n A_n \tag{14-2}$$

$$A \ (\mu g/kg) = \frac{C_i \times V \times S}{S_i \times m \times w \times 10^6} \tag{14-3}$$

式中　m——茶样质量（g）；

$\quad\quad w$——茶样干物质含量，质量百分数（%）；

$\quad\quad A$——茶叶中香气成分总量，浓度单位为微克每千克（$\mu g/kg$）；

$\quad\quad A_n$——某香气成分含量，浓度单位为微克每千克（$\mu g/kg$）；

$\quad\quad C_i$——癸酸乙酯内标工作液浓度（$\mu g/mL$）；

$\quad\quad V$——癸酸乙酯内标工作液加入体积（μL）；

$\quad\quad S_i$——癸酸乙酯峰面积；

$\quad\quad S_n$——某香气成分的峰面积；

$\quad\quad S$——定性的香气成分的峰面积总和。

四、结果记录

将实验相关数据填入表 14-2 中。

表 14-2　茶叶香气成分测定操作记录表

日期：　　　　　　　　　　　　　　　　　　　　　　　　　　　　　　　操作人：

主要仪器信息	分析天平型号		
	气相色谱质谱联用仪型号		
	SPME 萃取头型号		
样品质量 m/g			
茶样干物质含量 w（质量百分数）/%			
NaCl 添加量/g			
内标工作液	浓度 C_i/($\mu g \cdot mL^{-1}$)		
	加入体积 V/μL		
谱图解析	内标	保留时间/min	
		峰面积 S_i	
	含量最高的香气物质 1 名称：	保留时间/min	
		峰面积 S_n	
		含量/($\mu g \cdot kg^{-1}$)	
	含量最高的香气物质 2 名称：	保留时间/min	
		峰面积 S_n	
		含量/($\mu g \cdot kg^{-1}$)	
总量计算	定性的香气成分峰面积总和 S		
	香气成分总量/($\mu g \cdot kg^{-1}$)		

![注意事项图标] **注意事项**

（1）SPME萃取头操作。SPME萃取头内藏于SPME进样针的细小套管内，通过一细小金属与SPME手柄相连，在其老化、萃取时，均需要推动手柄使其从SPME进样针的细小套管中推出，以老化、吸附或解吸。需要注意的是，SPME进样针在插入色谱仪进样口或顶空瓶后，萃取头方可推出；同样地，SPME进样针在老化、吸附或解吸结束后从色谱仪进样口或顶空瓶上取出时，需要拉动SPME手柄，并将萃取头内藏于SPME进样针的细小套管内，再取出SPME进样针进行下一步操作，否则，萃取头脱落，损坏吸附设备。

（2）为减少茶叶香气成分在水中的溶解度，需要在顶空瓶中加入一定量的NaCl，一般情况下，顶空瓶中的NaCl需要达到饱和状态，加入量为2～3 g。

（3）气相色谱质谱联用仪使用时对环境条件要求较高，需提前1～2天开机预热、调谐，以达到最佳的运行状态。

项目三　茶叶物理检验

项目提要

　　茶叶的物理检验是指采用物理方法检测茶叶品质和保证茶叶质量的一种技术手段，主要有法定检验项目和一般检验项目。法定检验项目包括粉末、碎茶含量、茶叶包装检验、茶叶夹杂物含量检验和茶叶衡量检验等，一般检验项目包括干茶相对密度、比容检验和茶汤比色等。本项目围绕茶叶的法定检验项目，共设计 3 个检测任务，为开展茶叶的物理检验提供参考。

任务十五　茶叶含梗量和非茶类夹杂物的检验

学习目标

　　理解茶梗、非茶类夹杂物的特点及与茶叶品质的关系，掌握茶叶含梗量和非茶类夹杂物检验的原理及方法，并能熟练地测定茶叶含梗量和非茶类夹杂物；通过小组协作完成本任务，养成良好的团队协作意识和细心、耐心的工作态度。

知识准备

　　茶梗是茶叶加工后残存于成品茶中呈木质化的茶树麻梗、红梗、白梗，但不包括节间嫩茎，主要是由于鲜叶采摘粗放或精制过程中拣剔不净所致。茶梗在各类茶中都有存在，其大小、长短、色泽各异。

　　梗中含有相当数量的芳香物质，茶叶香气由第一叶至第三叶逐渐下降，而梗的香气最高；氨基酸含量，特别是茶氨酸含量，茎梗比嫩叶多。梗中含有较多的能转化为茶叶香气的物质，但转化为滋味的物质较少，所以，单纯梗子的制茶品质香高味醇而淡（表 15-1）。因此，茶叶中含梗量高，能在一定程度上影响茶叶的外形和内质。

表 15-1　芽叶各部位的制茶香味评比

芽叶部位	各部位数量比	香气	滋味
第一叶带芽	25.5	4.28	3.88
第二叶	30.9	2.11	2.00
第三叶	22.0	1.92	1.75
梗	21.6	4.92	2.70

不同茶类中茶梗含量差异较大，对茶梗含量的限量标准也不一样。一般粗老茶叶中茶梗含量多，细嫩茶叶中茶梗含量少。一般红茶、绿茶对照贸易标准标样茶或成交样茶检验其含梗量，紧压茶类含梗量见表 15-2。

表 15-2　部分紧压茶含梗量标准

产品名称		含梗量/%	备注
花卷茶		≤5.0	长于 30 mm 的梗不得超过 0.5%
湘尖茶	天尖	≤5.0	长于 30 mm 的梗不得超过 0.1%
	贡尖	≤6.0	长于 30 mm 的梗不得超过 0.5%
	生尖	≤10.0	长于 30 mm 的梗不得超过 1.0%
六堡茶	特级、一级	≤3.0	—
	二级、三级	≤6.5	
	四级、五级、六级	≤10.0	—
茯茶	散状特级	≤6.0	—
	散状一级、压制茯茶（手筑）	≤8.0	—
	压制茯茶（机制）	≤10.0	—
康砖	特制康砖	≤7.0	长于 30 mm 的梗不得超过 1.0%
	普通康砖	≤8.0	长于 30 mm 的梗不得超过 1.0%
青砖茶		≤20.0	长于 30 mm 的梗不得超过 1.0%
沱茶		≤3.0	—

同时，在鲜叶的采摘，以及茶叶的加工、包装、运输等过程中，混杂的其他树叶、杂草、虫尾、虫卵、泥沙和磁性杂质等，统称为非茶类夹杂物。茶叶是一种健康饮料，其中含有的夹杂物尤其是非茶类夹杂物易损害人体健康。要保证茶叶卫生，首先要将夹杂物清除，因此，非茶类夹杂物的检测也十分必要。

 技能训练

训练任务一　茶叶含梗量的检验

一、材料与设备

（一）材料

市购普通红茶、绿茶、紧压茶和黑茶等产品。

（二）设备

(1) 分析天平：感量为 0.01 g。

(2) 具有蒸格的蒸锅（直径＞40 cm）。

(3) 电热鼓风恒温干燥箱（0～300 ℃）。

二、操作步骤

（一）称量

将待检茶叶通过分样器缩分，精确称取茶叶 100 g，均匀地分布于白色瓷盘中，用镊子逐一拣出茶梗，合并称重，计算含梗量。

（二）紧压茶

将紧压茶分成 4 等份，取其中对角 2 块为试样（约 100 g）。试样用蒸汽蒸散，将茶梗从试样中分离出来，在 100～105 ℃的电热鼓风恒温干燥箱内干燥约 30 min，烘后分别称重。

三、结果计算

（一）计算方法

茶叶含梗量按下式计算：

$$茶叶含梗量（\%）=\frac{W_1}{W_1+W_2}\times100$$

式中　W_1——茶梗质量，单位为克（g）；

　　　W_2——除茶梗以外的试样质量，单位为克（g）。

（二）重复性

同一样品的两次测定结果之差不得超过 5%。

四、结果记录

将实验相关数据填入表 15-3 中。

表 15-3　茶叶含梗量检测记录表

日期：　　　　　　　　　　　　　　　　　　　　　　　　　　　　操作人：

主要仪器信息	分析天平型号		
	电热鼓风恒温干燥箱型号		
项目		重复 1	重复 2
茶梗质量 W_1/g			
除茶梗以外的试样质量 W_2/g			
茶叶含梗量/%			
茶叶含梗量平均值/%			

训练任务二　非茶类夹杂物的检验

一、材料与设备

（一）材料

市购普通红茶、绿茶、紧压茶和黑茶等产品。

（二）设备

（1）分析天平：感量为 0.01 g。

（2）磁铁（12～13 kg 吸力）。

（3）玻璃板。

二、操作步骤

将茶叶分成 4 等份，取其中对角 2 份为试样。

紧压茶需要用木槌敲碎，再用四角分样法或分样器分成二等份，取其中一份为试样，称其质量为 W_0，用手捡出非茶类夹杂物，再将试样平铺在玻璃板上，用磁铁在茶层内纵、横交叉滑动数次，吸取磁性杂质，把每次吸取的磁性杂质收集在同一张清洁白纸上，直至磁性杂质全部吸出。合并非茶类夹杂物，称其质量为 W_1。

三、结果计算

（一）计算方法

非茶类夹杂物含量按下式计算：

$$非茶类夹杂物含量（\%）=\frac{W_1}{W_0}\times100$$

式中　W_0——试样总质量，单位为克（g）；

　　　W_1——非茶类夹杂物总质量，单位为克（g）。

（二）重复性

同一样品的两次测定结果之差不得超过 10%。

四、结果记录

将实验相关数据填入表 15-4 中。

表 15-4　茶叶非茶类夹杂物含量检测记录表

日期：　　　　　　　　　　　　　　　　　　　　　　　　　　　　　　　　操作人：

分析天平型号		
项目	重复 1	重复 2
试样总质量 W_0/g		
非茶类夹杂物总质量 W_1/g		
非茶类夹杂物含量/%		
非茶类夹杂物含量平均值/%		

注意事项

（1）茶梗是木质化的茶树麻梗、红梗、白梗，不包括节间嫩茎，在拣梗时需要特别注意。

（2）在紧压茶（如茯砖、康砖、金尖等茶）中，茶果、茶梗等均属于原料的组成部分，不属于夹杂物。

任务十六　茶叶中粉末和碎茶含量的测定

学习目标

理解茶叶中粉末、碎茶的特点及其与茶叶品质的关系，掌握茶叶中粉末、碎茶检测的原理及方法，并能熟练地测定茶叶中粉末和碎茶的含量，形成科学、严谨的工作态度，防止茶叶中掺入过量的粉末和碎茶，确保茶叶的优良品质。

知识准备

在茶叶精制过程中，由于筛分、切碎、风选、复火等工序的反复进行，造成茶叶中粉末和碎茶的增加。如果拼配不当，就可能出现粉末、碎茶含量过多，以致在冲泡中出现茶汤深浑、香味下降等现象，影响产品的市场竞争力。粗老原料更容易产生片末茶，这些片末茶往往使汤味寡淡，不受消费者欢迎。

茶叶中粉末、碎茶含量的多少，是衡量茶叶外形整碎状况的重要量化指标。不同茶叶的粉末和碎茶指标不同，如眉茶中，珍眉和雨茶的粉末含量不超过 1%，而贡熙和秀眉不超过 1.5%；在红碎茶中则不超过 2.0%。

《茶 粉末和碎茶含量测定》（GB/T 8311—2013）规定，粉末和碎茶的定义是按一定的操作规程，用规定的转速和孔径筛，筛分出各种茶叶试样中的筛下物。因此，可用筛分法测定其含量。

技能训练

训练任务　茶叶粉末和碎茶含量的检测

一、材料与设备

（一）材料

市购普通红茶、绿茶、紧压茶和黑茶等产品。

（二）设备

（1）天平：感量为 0.1 g。

（2）分样器和分样板或分样盘：盘两对角开有缺口。

（3）电动筛分机：转速（200±10）r/min，回旋幅度（60±3）mm。

（4）检验筛：钢丝编织的方孔标准筛，直径为 200 mm，具有筛底和筛盖。其又可分为粉末筛和碎茶筛。

1）粉末筛：

①孔径 0.63 mm（用于条、圆形茶[①]）；

②孔径 0.45 mm（用于碎形茶和粗形茶[②]）；

③孔径 0.23 mm（用于片形茶）；

④孔径 0.18 mm（用于末形茶）。

2）碎茶筛：

①孔径 1.25 mm（用于条、圆形茶）；

②孔径 1.60 mm（用于粗形茶）。

二、操作步骤

（一）取样、分样

（1）按照本书"任务二　取样与磨碎试样的制备"规定的方法进行取样。

（2）采用四分法或分样器分样。

四分法：将试样置于分样盘中，来回倾倒，每次倒时应使试样均匀地撒落盘中，呈宽、高基本相等的样堆。将茶堆十字分割，取对角两堆样，充分混匀后，即成两份试样。

分样器分样：将试样均匀地倒入分样斗中，使其厚度基本一致，并不超过分样斗的边沿。打开隔板，使茶样经多格分隔槽，自然撒落于两边的接茶器中。

（二）测定

1. 条、圆形茶

称取充分混匀的试样 100 g（准确至 0.1 g），倒入规定的碎茶筛和粉末筛的检验套筛，盖上筛盖，按下启动按钮，筛动 100 r。将粉末筛的筛下物称量（准确至 0.1 g），即为粉末含量。移去碎茶筛的筛上物，再将粉末筛筛面上的碎茶重新倒入下接筛底的碎茶筛，盖上筛盖，放在电动筛分机上，筛动 50 r。将筛下物称量（准确至 0.1 g），即为碎茶含量。

2. 粗形茶

称取充分混匀的试样 100 g（准确至 0.1 g），倒入规定的碎茶筛和粉末筛的检验套筛内，盖上筛盖，筛动 100 r。将粉末筛的筛下物称量（准确至 0.1 g），即为粉末含量。再将粉末筛筛面上的碎茶称量（准确至 0.1 g），即为碎茶含量。

3. 碎、片、末形茶

称取充分混匀的试样 100 g（准确至 0.1 g），倒入规定的粉末筛内，筛动 100 r。将筛下物称量（准确至 0.1 g），即为粉末含量。

---

① 注：条、圆形茶是指工夫红茶、小种红茶、红碎茶中的叶茶、炒青、烘青、珠茶等紧结条、圆形茶。

② 注：粗形茶是指铁观音、色种、水仙、白牡丹、贡眉、晒青、普洱散茶等粗大、松散形茶。

三、结果计算

（一）计算方法

茶叶粉末含量以质量分数（%）表示，按式（16-1）计算：

$$粉末含量（\%）= \frac{m_1}{m} \times 100$$

(16-1)

茶叶碎茶含量以质量分数（%）表示，按式（16-2）计算：

$$碎茶含量（\%）= \frac{m_2}{m} \times 100$$

(16-2)

式中　m_1——筛下粉末质量，单位为克（g）；

　　　m_2——筛下碎茶质量，单位为克（g）；

　　　m——试样质量，单位为克（g）。

（二）重复性和平均值计算

1. 重复性

（1）当测定值小于或等于 3% 时，同一样品的两次测定值之差不得超过 0.2%；若超过，则需要重新分样检测。

（2）当测定值大于 3%、小于或等于 5% 时，同一样品的两次测定值之差不得超过 0.3%，否则需要重新分样检测。

（3）当测定值大于 5% 时，同一样品的两次测定值之差不得超过 0.5%，否则需要重新分样检测。

2. 平均值计算

将未超过误差范围的两次测定值平均后，再按数值修约规则修约至小数点后 1 位数，即为该试样的实际碎茶、粉末含量。

四、结果记录

将实验相关数据填入表 16-1 中。

表 16-1　茶叶粉末和碎茶含量检测记录表

日期：　　　　　　　　　　　　　　　　　　　　　　　　　　　　　操作人：

电动筛分机型号		
项目	**重复 1**	**重复 2**
筛下粉末质量 m_1/g		
筛下碎茶质量 m_2/g		
试样质量 m/g		
粉末　含量/%		
粉末　平均值/%		
碎茶　含量/%		
碎茶　平均值/%		

**注意事项**

在检测紧压茶的粉末和碎茶含量时，可先将紧压茶用蒸汽蒸散，然后在 100～105 ℃的电热鼓风恒温干燥箱内干燥约 30 min，烘后再采用上述方法进行粉末和碎茶的检测，切不可将紧压茶直接撬散，直接撬散会导致粉末和碎茶含量增加。

任务十七　成品茶包装的检验

学习目标

熟悉并理解《食品安全国家标准 预包装食品标签通则》（GB 7718—2011）中各条款，并能运用到产品包装标签检验中；熟悉并理解《限制商品过度包装要求 食品和化妆品》（GB 23350—2021）中各条款，并能熟练测量和计算各包装的空隙率，能理解标准中条款内容，判定包装是否合格；熟悉并理解《定量包装商品净含量计量检验规则》（JJF 1070—2023）标准中各条款，并能检测批量产品中净含量是否符合要求；应用国家标准方法开展成品茶包装检验，养成茶叶检验的标准化意识，倡导限制过度茶叶包装，弘扬绿色节俭风尚。

知识准备

茶叶属于食品，其包装要求必须符合《食品安全国家标准 预包装食品标签通则》（GB 7718—2011）、《限制商品过度包装要求 食品和化妆品》（GB 23350—2021）、《定量包装商品净含量计量检验规则》（JJF 1070—2023）等相关标准。

一、《食品安全国家标准 预包装食品标签通则》（GB 7718—2011）

（一）术语

（1）预包装食品：预先定量包装或制作在包装材料和容器中的食品，包括预先定量包装，以及预先定量制作在包装材料和容器中，并且在一定量限范围内具有统一的质量或体积标识的食品。

（2）食品标签：食品包装上的文字、图形、符号及一切说明物。

（3）配料：在制成或加工食品时使用的，并存在（包括以改性的形式存在）于产品中的任何物质，包括食品添加剂。

（4）生产日期：食品成为最终产品的日期，也包括包装或罐装日期，即将食品装入（灌入）包装物或容器中，形成最终销售单位的日期。

（5）保质期：预包装食品在标签指明的贮存条件下，保持品质的期限。在此期限内，产品完全适于销售，并保持标签中不必说明或已经说明的特有品质。

（6）规格：同一预包装内含有多件预包装食品时，对净含量和内含件数关系的表述。

（7）主要展示版面：预包装食品包装物或包装容器上容易被观察到的版面。

（二）必须在包装上标示的内容

直接向消费者提供的预包装食品标签标示应包括食品名称、配料表、净含量和规格、生产者和（或）经销者的名称、地址和联系方式、生产日期和保质期、贮存条件、食品生产许可证编号、产品标准代号及其他需要标示的内容等。

二、《限制商品过度包装要求 食品和化妆品》（GB 23350—2021）

对食品和化妆品包装的限量要求包括包装空隙率、包装层数、包装成本和商品销售价格比率三个方面。

（一）术语

（1）过度包装：包装空隙率、包装层数、包装成本超过要求的包装。

（2）销售包装：以销售为主要目的，与内装物一起到达消费者手中的包装。

（3）内装物：包装件内所装的食品或化妆品。

（4）包装空隙率：包装内去除内装物占有的必要空间容积与包装总容积的比率。

（5）综合商品：包装内装有两种及两种以上的食品或化妆品的商品。

（6）单件：具有独立包装且净含量标注明确的物品。

（7）包装层数：完全包裹内装物的、可物理拆分的包装的层数。

（8）商品必要空间系数：用于保护食品或化妆品所需空间量度的校正因子，用 k 表示。

（二）限量要求

1. 包装空隙率

食品和化妆品的包装空隙率应符合表 17-1 规定的限量要求。

表 17-1　食品和化妆品包装空隙率

单件[a] 净含量（Q）/mL 或 g	空隙率[b]/%
≤1	≤85
1< Q ≤5	≤70
5< Q ≤15	≤60
15< Q ≤30	≤50
30< Q ≤50	≤40
>50	≤30

注：本表不适用于销售包装层数仅为一层的商品。

a. 需混合使用的产品，单件是指混合后的产品。

b. 综合商品的包装空隙率应以单件净含量最大的产品所对应的空隙率为准。

2. 包装层数

粮食及其加工品不应超过三层，其他商品不应超过四层，茶叶的包装层数不应超过四层。

3. 包装成本

生产组织应采取措施，控制除直接与内装物接触的包装之外所有包装的成本不超过产品销售价格的 20%。

三、《定量包装商品净含量计量检验规则》（JJF 1070—2023）

（一）术语

（1）预包装商品：销售前，预先用包装材料或包装容器将商品包装好，并有预先确定的量值（或数量）的商品。

（2）定量包装商品：以销售为目的，在一定量限范围内具有统一的质量、体积、长度、面积、计数标注等标识内容的预包装商品。

（3）净含量：定量包装商品除去包装容器和其他包装材料后内装商品的量。

（4）标注净含量：由生产者或销售者在定量包装商品的包装上标注的商品的净含量，用 Q_n 表示。

（5）实际含量：由授权的计量鉴定机构按照《定量包装商品净含量计量检验规则》（JJF 1070—2023）及其系列国家计量技术规范，通过计量检验确定的商品实际所包含的商品内容物（内装物）的量，用 q 表示实际含量。

（6）计量检验：根据抽样方案，从整批定量包装商品中抽取有限数量的样品（抽取样本量或抽样件数，用 n 表示），检验商品的实际含量，并判定该批是否合格的过程。

（7）单位商品：实施计量检验的商品中，标注净含量且基于零售的基本包装单位。

（8）批量：检验批中包含的单位商品的数量，用 N 表示检验批量。

（9）偏差：样品单位的实际含量与其标注净含量之差，用 S 表示。

（10）平均偏差：各样本单位偏差的算术平均值。

（11）允许短缺量：单件定量包装商品的标注净含量与其实际含量之差的最大允许量值（或数值）。

（12）短缺性定量包装商品：具有负偏差的单件定量包装商品。

（13）皮重：除去样本单位的内容物后，所有包装容器、包装材料和任何与该商品包装在一起的其他材料的质量。

（14）总重：样本单位的皮重和净含量的质量之和。

（二）净含量标注的计量要求

1. 单件商品的标注

（1）在定量包装商品包装的显著位置应有正确、清晰的净含量标注。

净含量标注由"净含量"（中文）、数字和法定计量单位（或者用中文表示的计数单位）三部分组成，如"净含量：500 克"。以长度、面积、计数单位标注净含量的定量包装商品，可以免于标注"净含量"三个中文字，只标注数字和法定计量单位（或者用中文表示的计数单位），如 50 米、10 平方米或 100 个。

（2）法定计量单位的选择应当符合表 17-2 的规定。

表 17-2 法定计量单位的选择

类别	标注净含量（Q_n）的量限	计量单位
质量	＜1 000 g	g（克）
	≥1 000 g	kg（千克）
体积	＜1 000 mL	mL（毫升）
	≥1 000 mL	L（升）

（3）净含量标注字符高度的要求和检查方法应符合表17-3的规定。

表17-3　净含量标注字符高度的要求和检查方法

标注净含量（Q_n）	字符的最小高度 /mm	检查方法
≤50 g 或≤50 mL	2	使用钢直尺或游标卡尺测量字符高度
50 g<Q_n≤200 g 或 50 mL<Q_n≤200 mL	3	
200 g<Q_n≤1 000 g 或 200 mL<Q_n≤1 000 mL	4	
Q_n>1 kg 或 Q_n>1 L	6	
以长度、面积、计数单位标注	2	

2. 多件商品的标注

同一包装商品有多件定量包装商品的，其标注除了应符合单件商品的标注要求之外，还应符合以下规定。

（1）同一包装商品内含有多件同种定量包装商品的，应当标注单件定量包装商品的净含量和总件数，或者标注总净含量。

（2）同一包装商品内含有多件不同种定量包装商品的，应当标注各种不同种定量包装商品的单件净含量和各种不同种定量包装商品的件数，或者分别标注各种不同种定量包装商品的总净含量。

（三）净含量的计量要求

1. 单件商品净含量的计量要求

单件定量包装商品的实际含量应当准确反映其标注净含量。标注净含量与实际含量之差不得大于表17-4规定的允许短缺量。

表17-4　允许短缺量

质量或体积定量包装商品 Q_n			长度定量包装商品 Q_n	
Q_n范围	允许短缺量 T[①]		Q_n范围	允许短缺量 T
	Q_n的百分比	g 或 mL		
0～50	9	—	≤5 m	不允许
50～100	—	4.5	>5 m	Q_n×2%
100～200	4.5	—	面积定量包装商品 Q_n	
200～300	—	9	Q_n范围	允许短缺量 T
300～500	3	—	全部 Q_n	Q_n×3%
500～1 000	—	15	计数定量包装商品 Q_n	
1 000～10 000	1.5	—	Q_n范围	允许短缺量 T
10 000～15 000	—	150	≤50	不允许
15 000～50 000	1	—	>50	Q_n×1%[②]

注：①对于允许短缺量（T），当Q_n≤1 kg（或 L）时，T值的0.01 g（或 mL）位修约至0.1 g（或 mL）；当Q_n>1 kg（或 L）时，T值的0.1 g（或 mL）位修约至1 g（或 mL）；

②以计数方式标注的商品，其标注净含量×1%，如果允许短缺量出现小数，就把该数进位到下一个紧邻的整数，该整数作为商品的允许短缺量。这个值可能大于1%，但这是可以接受的，因为商品的个数为整数，不能带有小数。

2. 批量商品净含量的计量要求

批量定量包装商品的平均实际含量应当大于或等于其标注净含量。

用抽样的方法评定一个检验批的定量包装商品，应当按表 17-5 的规定进行抽样检验和计算。样本中单件定量包装商品的标注净含量与其实际含量之差大于允许短缺量的件数，以及样本的平均实际含量应当符合表 17-5 的规定。

表 17-5　计量检验抽样方案

第一栏	第二栏	第三栏		第四栏	
		样本平均实际含量修正值（λS）		允许大于 1 倍、小于或者等于 2 倍允许短缺量（T_1 类短缺）的件数	允许大于 2 倍允许短缺量（T_2 类短缺）的件数
检验批量 N	抽取样本量 n	修正因子 $\lambda = t_{0.099\,5} \times \dfrac{1}{\sqrt{n}}$	样本实际含量标准偏差 S		
$1\sim10$	N	—	—	0	0
$11\sim50$	10	1.028	S	0	0
$51\sim99$	13	0.848	S	1	0
$100\sim500$	50	0.379	S	3	0
$501\sim3\,200$	80	0.295	S	5	0
$>3\,200$	125	0.234	S	7	0

注：1. 本抽样方案的置信度为 99.5%。

2. 一个检验批的批量小于或等于 10 件时，只对每个单件定量包装商品的实际含量进行检验和评定，不做平均实际含量的计算。

3. 样本平均实际含量应当大于或等于标注净含量减去样本平均实际含量修正值 λS，即

$$\bar{q} \geqslant (Q_n - \lambda S)$$

式中　$\bar{q}$——样本平均实际含量，$\bar{q} = \dfrac{1}{n}\sum\limits_{i=1}^{n} q_i$；

Q_n——标注净含量；

λ——修正因子；

q_i——单件商品的实际含量；

S——样本实际含量标准偏差，$S = \sqrt{\dfrac{1}{n-1}\sum\limits_{i=1}^{n}(q_i - \bar{q})^2}$

 技能训练

训练任务　成品包装的检验

一、材料与设备

（一）材料

市购茶叶成品礼盒包装或食品包装，预包装商品成品茶。

（二）设备

（1）测量设备：直尺、卡尺等检测设备、工具应符合检测要求，精确到 1 mm。

（2）称量设备：秤或天平。

二、操作步骤及计算方法

1. 包装初验

检查产品包装是否整洁、有无破损和异味等情况。

2. 包装标签审核

按照《食品安全国家标准 预包装食品标签通则》（GB 7718—2011）标准要求，分别对包装上的产品信息进行审核。

3. 过度包装检验

（1）测定包装层数。

1）直接接触内装物的包装为第一层，以此类推，最外层包装为第 N 层，N 即为包装的层数。

2）直接接触内装物的属于产品固有属性的材料层（如粽叶、竹筒、天然或胶原蛋白肠衣、空心胶囊等），以及紧贴包装外且厚度小于 0.03 mm 的薄膜不计算在内。

3）同一包装中若含有包装层数不同的商品，仅计算对包装层数有限量要求的商品的包装层数。对包装层数有限量要求的商品计算包装层数，并根据包装层数限量要求判定该商品是否符合要求。

（2）测定包装空隙率。

1）测定方法。[①] 一般采用手动法测定销售包装体积。在常温常压下，对于长方体商品销售包装，用长度测量仪器沿包装外壁，直接对商品销售包装的长、宽、高进行测量，并重复 3 次，取平均值计算商品销售包装体积；对于圆柱体商品销售包装，用长度测量仪器沿包装外壁，直接对商品销售包装进行测量，并重复 3 次，取算术平均值计算商品销售包装体积。

2）包装空隙率计算。按照下式计算包装空隙率：

$$X（\%）=\frac{V_n-\sum KV_0}{V_n}\times100$$

式中 X——包装空隙率，单位（%）；

      V_n——商品销售包装体积，单位为立方毫米（mm^3）；

      V_0——内装物体积，单位为立方毫米（mm^3）；

          注：内装物体积以商品标注的净含量进行计算，1 mL 或 1 g 内装物换算为 1 000 mm^3 计算。

      K——商品必要空间系数，K 的取值依据产品而定，综合商品分别取值，茶叶属于其他食品，其空间系数 $K=10$。

在重复性条件下获得两次独立测定结果的绝对差值，不应超过算术平均值的 10%。

3）包装成本计算方法。包装成本与产品销售价格比率计算公式为

$$Y（\%）=\frac{C}{P}\times100$$

式中 Y——包装成本和产品销售价格比率（%）；

      C——第二层到第 N 层所有包装物成本的总和，单位为元；

      P——商品制造商与销售商签订的合同销售价格或该商品的市场正常销售价格，单位为元。

---

① 注：仅适用于形状规则的销售包装。

4）判定规则。商品包装有一项不符合下列要求的规定，则判定该商品的包装为过度包装。

①空隙率要求。茶叶包装空隙率要求见表 17-1。

②包装层数。包装层数不应大于四层。

③包装成本与销售价格比率。包装成本与销售价格比率小于 20%。

4. 净含量测定

（1）取样方法。根据商品检验批不同的抽样地点和批量，随机抽取样本分为等距抽样、分层抽样和简单随机抽样三种方法。

1）等距抽样。等距抽样是按一定单位商品数或一定的时间间隔进行抽取，其间隔按检验批量和样本量确定，即

$$商品数量间隔＝批量（N）/样本量（n）$$
$$时间间隔＝生产批量所需的时间/样本量$$

批量 N 以每小时的产量确定，对于一个正常生产的流水线，其每小时的产量数是确定的。例如，某生产线 1 h 生产 2 000 件商品，确定样本量为 80 件。如果以商品数量间隔计算，则抽样间隔为 25 件，在具体抽样时为每隔 24 件抽 1 件，共抽 80 件；如果以时间间隔计算，则抽样间隔为 45 s，即每隔 45 s 抽 1 件，共抽 80 件。

2）分层抽样。分层抽样适用于生产企业、批发商和零售商品的仓库抽样。

抽样方法：对于分为 k 层垛放的 N 个单位商品的检验批，以每层占有单位商品的数量，按比例将确定的样本量 n 分配到各层中，每层有 n_i 个样本单位，即 $n_i＝n/k$，应保证 n_i 为大于 1 的整数，且每层中至少应有一个样本单位被抽取（$n \geq k$）。然后，在每层中独立地按给定的样本单位数 n_i 进行随机抽取（一般为简单随机抽样）。

3）简单随机抽样。简单随机抽样也称简单抽样，适用于商品零售现场的抽样。

抽样方法：从包含 N 个单位商品的检验批中，随机抽取 n 个样本作为检验样本，抽样时，应使该检验批中每个单位商品被抽到样本中的可能性相等。

（2）除去皮重的方法。检验批的数量在 100 件以下的商品净含量计量检验时除去皮重的方法如下所述。

1）除去皮重方案的确定。根据计量检验抽样方案（表 17-5）抽取检验批样本，根据检验方法的需要，并结合皮重的均匀性和样本量的大小，按照表 17-6 的规定除去皮重。该方法是根据我国定量包装商品计量检验的实际需要，参考美国国家标准与技术研究院（NIST）133 号手册制定的。

表 17-6　除去皮重的方案

比值 R_c/R_t	测定皮重抽样数 n_t	
	$n＝10$	$n＝13$
≤ 0.2	10	13
$0.21\sim1.00$	10	13
$1.01\sim2.00$	8	10
$2.01\sim3.00$	5	6
$3.01\sim4.00$	3	4
$4.01\sim5.00$	2	3
$5.01\sim6.00$	2	3
>6.01	2	2

2）实施步骤。

①样品量大于或等于 10 件时。在样本中随机抽取 2 件，测定其净含量质量之差（$R_c = |R_{c_1} - R_{c_2}|$）和其皮重之差（$R_t = |R_{t_1} - R_{t_2}|$）；以 R_c/R_t 的比值和样本量 n 为索引，从表 17-6 中查出测定皮重抽样数 n_t，该抽样数包括已抽取的 2 件样本单位。

②样本量小于 10 件时。样本量 N 为 1～2 件时，按样本量抽取；样本量 N 为 3～9 件时，可参照表 17-6 中样本量 $n=10$ 的抽样方案进行抽样，当 $n \leqslant n_t$ 时，抽样数为样本量 n。

③皮重的测量要求。当 $n_t = n$ 时，应以样本单位的各自皮重，测定实际含量；当 $n_t < N$ 时，以 n_t 个样本单位皮重的算术平均值，测定平均皮重（ATW）。

（3）茶叶商品标准净含量计量检验。茶叶是以质量为单位标准净含量的商品，可以按一般性商品的通用方法进行计量检验。

1）在秤或天平上逐个称量每个样品的实际总质量（GW_i），并记录结果。

2）计算商品的标称总质量（CGW）或实际含量（q）。

$$标称总质量（CGW）＝标注净含量（Q_n）＋平均皮重（ATW）$$

$$商品的实际含量（q_i）＝实际总质量（GW_i）－平均皮重（ATW）$$

3）计算净含量的偏差（D）。

$$单件商品的净含量偏差（D）＝实际总质量（GW_i）－标称总质量（CGW）$$

或

$$单件商品的净含量偏差（D）＝实际含量（q_i）－标注净含量（Q_n）$$

当净含量偏差 D 为正值时，说明该件商品不短缺；当净含量偏差 D 为负值时，说明该件商品为短缺商品，偏差 D 数值的大小即为商品的短缺量。

4）原始记录与数据处理。填写原始记录，并对检验数据进行处理；对检验结果进行评定并填写检验报告。

三、结果记录

将实验相关数据填入表 17-7～表 17-9 中。

表 17-7 成品包装检验记录

检验日期：   检验人：

产品名称		商标（品牌）	
生产企业		标注净含量	
生产日期		样本量	
检验内容			
检验项目	技术要求	检测结果	单项判定
外观	（1）色泽正常、均匀（不掉漆、不花斑、无污物、无明显划痕）； （2）应平整、无皱纹，封边良好； （3）不得有裂纹、空隙和复合层分离； （4）无明显异臭		

标签标识：□合格　　　　□不合格

不合格原因：_____

检验项目	技术要求	检验结果	单项判定
食品名称	（1）应在食品标签的醒目位置，清晰地标示反映食品真实属性的专用名称； （2）使用不使消费者误解或混淆的常用名称或通俗名称； （3）当食品真实属性的专用名称因字号或字体颜色不同容易使人误解时，应使用同一字号及同一字体颜色标示食品真实属性的专用名称		
配料表	根据产品所需的原料进行填写		
净含量和规格	（1）标注正确、清晰（标示形式参见净含量标注的计量要求）； （2）字符高度（参照净含量标注字符高度的要求和检查方法）； （3）净含量与食品名称是否在包装物或容器的同一展示版面标示		
生产者名称、地址和联系方式	检查信息是否完整		
生产日期和保质期	检查是否清晰标示，并在保质期内		
贮存条件	是否按照茶叶贮存方式进行标示		
食品生产许可证编号	与生产者的信息是否匹配		
产品标准代号	产品是否符合该标准级别		
其他需要标示的内容	食品所执行的相应产品标准已明确规定质量（品质）等级的，应标示质量（品质）等级		

过度包装检验：□合格　　　　□不合格

不合格原因：_____

续表

检验项目	技术要求	检验结果	单项判定
空隙率	允许空隙率（根据检测包装质量进行查询）		
包装层数	允许包装层数≤4		
包装成本和销售价格比率/%	允许包装成本和销售价格比率≤20		

净含量检验：□合格　　　　□不合格
不合格原因：_____

检验项目	平均实际含量	标准偏差 S	修正值 (λS)	修正后的平均实际含量	大于1倍、小于或者等于2倍允许短缺量件数	大于2倍允许短缺量件数
检验结果						

表 17-8　食品包装空隙率检验原始记录

检验人员：　　　　　　　　　　　　　　　　　　　　　　　　　　　　日期：

产品名称		商标（品牌）	
生产企业		标注净含量	
允许空隙率		测量设备名称	

1. 销售外包装体积 V_n

被测量参数		测量数据/mm			平均值/mm
长度（l_0）或直径（D_0）	1		2	3	
宽度（w_0）	1		2	3	
高度（h_0）	1		2	3	
销售包装体积（V_n）	$V_n = \bar{l}_0 \times \bar{w}_0 \times \bar{h}_0 =$ 　mm^2 或 $V_n = \bar{D}_0^2 \times \bar{h}_0 =$ 　mm^2				

2. 内装物体积 V_0

标注净含量进行换算：1 mL 或 1 g 内装物换算为 1 000 mm^2
茶叶的空间系数为 10.0［依据：《限制商品过度包装要求　食品和化妆品》（GB 23350—2021）附录表 A.1］

3. 空隙率计算：

$$X\ (\%) = \frac{V_n - \sum K V_0}{V_n} \times 100$$

式中　X——包装空隙率（%）；

　　　V_n——商品销售包装体积，单位为立方毫米（mm^3）；

　　　V_0——内装物体积，单位为立方毫米（mm^3）；

　　　　　注：内装物体积以商品标注的净含量进行计算，1 mL 或 1 g 内装物换算为 1 000 mm^3 计算。

　　　K——商品必要空间系数

4. 判定要求

单件净含量（Q）/mL 或 g	空隙率/%	单件净含量（Q）/mL 或 g	空隙率/%
≤1	≤85	15＜Q≤30	≤50
1＜Q≤5	≤70	30＜Q≤50	≤40
5＜Q≤15	≤60	＞50	≤30

5. 判定结果

□合格　　　□不合格

不合格原因：＿＿＿＿＿＿＿＿＿＿＿＿＿＿＿＿＿＿＿＿＿＿＿＿＿＿

表 17-9　茶叶净含量检测原始记录

适用范围：

商品名称				抽样日期			标注净含量/g		
生产班组				批量			样本量		
检测依据		《定量包装商品净含量 计量检验规则》(JJF 1070—2023)			检测方法		直接称量法		
测量设备名称	型号	准确度等级		量程	最小分度值		设备编号		检定有效期
电子天平									
相对密度			皮重抽样数				平均皮重		
允许短缺量		修正因子			相对湿度			温度	
编号	1	2	3	4	5	6	7	8	9	10
总重/g										
皮重/g										
实际含量/g										
偏差/g										
编号	11	12	13	14	15	16	17	18	19	20
总重/g										
皮重/g										
实际含量/g										
偏差/g										
编号	21	22	23	24	25	26	27	28	29	30
总重/g										
皮重/g										
实际含量/g										
偏差/g										
编号	31	32	33	34	35	36	37	38	39	40
总重/g										
皮重/g										
实际含量/g										
偏差/g										

续表

编号	41	42	43	44	45	46	47	48	49	50
总重/g										
皮重/g										
实际含量/g										
偏差/g										
编号	51	52	53	54	55	56	57	58	59	60
总重/g										
皮重/g										
实际含量/g										
偏差/g										
编号	61	62	63	64	65	66	67	68	69	70
总重/g										
皮重/g										
实际含量/g										
偏差/g										

平均实际含量			标准偏差			修正值		实际含量修正结果		
大于1倍，小于或者等于2倍允许短缺量件数					大于2倍允许短缺量件数					
检验结论	□合格 检验员：			□不合格 检验日期：						
处理意见	□放行			□返工						

注意事项

对于商品计量检验需要除去皮重时，应在保证皮重测量准确性的前提下，尽可能地减少商品打开包装所造成的浪费。也就是说，应以最少的商品皮重测量，得到最准确的皮重测量结果。这就是除去皮重方法的基本原则。

在茶叶包装净含量测定中，一般检验批的数量在100件以下的商品，可用前述方法除去皮重。但有时在生产中，检验批的数量在100件以上，此时可用以下方法除去皮重。

（1）除去皮重方案的确定（表17-10）。

表17-10　除去皮重的方案

皮重平均值（P）和皮重标准偏差（S_p）	除去皮重的方法
$P \leqslant Q_n \times 10\%$	以 P 为皮重，测定净含量 q_i。其中 $n_t \geqslant 10$
$P > Q_n \times 10\%$　且 $S_p < 0.25T$	以 P 为皮重，测定净含量 q_i。其中 $n_t \geqslant 25$
$P > Q_n \times 10\%$　且 $S_p > 0.25T$	以样品各自的皮重，测定净含量 q_i。其中 $n_t = n$
注：T 为允许短缺量	

（2）皮重平均值（P）和皮重标准偏差（S_p）的确定方法。

1）抽取测定皮重样品及测定皮重。在检验的样本中，至少随机抽取10件样品；然后将皮与商品内容物分离，再逐个称出皮的质量。测量皮重前，应将皮上的残留物清除干净并擦干。

如果是在商品包装现场进行抽样，可直接随机抽取不少于10件待包装的皮，然后逐个称出皮的质量。

2）计算皮重平均值和皮重标准偏差。

根据测得的单件皮重，计算皮重平均值和皮重标准偏差。

其计算公式为

$$P = \frac{1}{n_t} \sum_{i=1}^{n_t} P_i \quad S_p = \sqrt{\frac{1}{n_t} \sum_{i=1}^{n_t} (P_i - P)^2}$$

式中 P_i——单件皮重；

P——平均皮重，或用 ATW 表示；

S_p——皮重标准偏差；

n_t——皮重抽样数。

项目四　茶叶微生物检验

项目提要

　　茶叶是我国传统的大宗农产品，其产量、消费量和出口量在国际上占有重要比重。在茶叶传统生产中，茶叶中的微生物污染问题一直未得到重视。随着科学技术的不断进步，人们发现，在茶叶的生产和贮存过程中，由于不当的生产方式和环境条件，导致微生物在茶叶中污染和繁殖。由于空气中微生物二次污染及手部细菌二次交叉感染，茶叶中杂菌、大肠菌群、霉菌总数都成倍增加，严重影响了茶叶的卫生质量和品质，同时，产生的多种真菌毒素也对人类健康带来了直接的危害。因此，开展茶叶中主要微生物的检验具有重要意义。

　　本项目共设计茶叶中菌落总数、大肠菌群和霉菌 3 个检测任务，为开展茶叶的微生物检验提供参考。

任务十八　茶叶中菌落总数的检测

学习目标

　　理解微生物与茶叶之间的关系；能正确理解菌落、菌落总数的概念；能理解《食品安全国家标准 食品微生物学检验 菌落总数测定》（GB 4789.2—2022），并根据标准进行茶叶中菌落总数的检测；培养标准化生产理念、严谨求实的科学态度，以及维护食品安全及环境生物安全的意识。

知识准备

一、微生物与茶叶关系概述

　　微生物是地球表面生物圈的重要成员，广泛分布在自然界，对自然界的物质转化和生物循环具有重要的意义和作用。

　　近年来，微生物在茶叶生长繁殖、病虫害防治、肥培管理、加工贮藏、深加工产品开发等领域应用非常广泛。茶鲜叶中含有大量的酵母菌、霉菌及细菌，但经过高温杀青后，绝大部分微生物已灭活。因此，茶叶中微生物的来源主要是加工过程和后期贮藏，其中，温度和水分是影响微生物生长的关键因素。

　　国内外的大量研究证实，在发酵茶（尤其是渥堆的后发酵茶）中，适宜的温度和湿度能促进酵母菌、霉菌和细菌等微生物的生长，从而影响茶叶的品质。其中，霉菌能分泌 α-淀粉酶、麦芽糖酶等具有分解和糖化淀粉能力的生物酶，不但能提高发酵茶中可溶性糖的含量，还能增进香气和改善滋味；酵母菌能促进氨基酸转化分解，提高茶汤鲜爽味；纤维素细菌可分解纤维素为纤维二糖再进一步转化为葡萄糖，可优化粗老发酵茶的品质。茶叶深加工产品开发时，也会有大量微生物参与，如生产茶酒、茶饮料、茶食品等。

　　贮藏不当会导致茶叶中有害微生物大量繁殖，导致成品茶叶中也会有相当数量的微生物存在。在绝大部分茶叶中，其含水率≤7%，杜绝了微生物生长、发育、繁殖的环境条件，因此，绝大部分茶叶中的微生物不会超标，从而在茶叶中很少对微生物污染情况进行检验。但是，这并不意味着茶叶中就不会存在微生物污染。例如，在一些含水率稍高的紧压茶中，可能会出现微生物含量超标的问题。

　　目前，我国各类茶叶中，很少对菌落总数设置限量标准，仅在某些地方标准中规定了茶叶中微生物菌落总数不超过 1×10^5 CFU/g。

二、菌落总数的概念

　　菌落（colony）是指由一个微生物细胞或一群纯的微生物细胞（微生物细胞团）在固体培养基表面或内部形成的、具有一定形态特征的肉眼可见的微生物群体。

　　菌落总数是指在被检样品的单位质量（g）、容积（mL）或表面积（cm²）内，在一定条件下培养后所生成的微生物群体的总数，一般是指细菌、霉菌、酵母菌等微生物的群落总数，单位为菌落形成单位（colony-forming units，CFU）。通过检测样品中的菌落总数就可以知道样品中微生物的数量多少。

　　菌落总数主要作为判定食品被细菌污染程度的标记，从食品卫生观点来看，食品中菌落总数越多，说明食品质量越差，病原菌污染的可能性就越大。

　　目前，我国没有专门针对茶叶中菌落总数的相关标准，茶叶中微生物菌落总数的测定采用《食品安全国家标准　食品微生物学检验　菌落总数测定》（GB 4789.2—2022）标准所述的方法。

 **技能训练**

训练任务　茶叶中菌落总数的检测

一、材料、设备与试剂

（一）材料

（1）待测茶样。

（2）无菌吸管：1 mL（具 0.01 mL 刻度）、10 mL（具 0.1 mL 刻度）或微量移液器及吸头。

（3）无菌锥形瓶：容量为 250 mL、500 mL。

(4) 无菌培养皿：直径为 90 mm。

(5) pH 计或 pH 比色管或精密 pH 试纸。

(6) 无菌试管：10 mm×75 mm。

(7) 放大镜或菌落计数器。

(8) 培养基。

(二) 设备

(1) 高压蒸汽灭菌锅。

(2) 超净工作台。

(3) 恒温培养箱：（36±1）℃ 或 （30±1）℃。

(4) 冰箱：2～5 ℃。

(5) 恒温水浴箱：（46±1）℃。

(6) 天子天平：感量为 0.1 g。

(7) 均质器。

(8) 恒温振荡器。

(三) 试剂

1. 平板计数琼脂培养基（plate count agar，PCA）

(1) 成分：胰蛋白胨 5.0 g、酵母浸膏 2.5 g、葡萄糖 1.0 g、琼脂 15.0 g、蒸馏水 1 000 mL。

(2) 制法：将上述成分加于蒸馏水中，煮沸溶解，调节 pH 值至 7.0±0.2，分装于试管或锥形瓶中，用温度为 121 ℃的高压蒸汽灭菌锅灭菌 15 min。

2. 无菌磷酸盐缓冲液

(1) 贮存液：称取 34.0 g 的磷酸二氢钾溶于 500 mL 蒸馏水中，用大约 175 mL 的 1 mol/L 氢氧化钠溶液调节 pH 值至 7.2±0.1，用蒸馏水稀释至 1 000 mL 后贮存于冰箱中。

(2) 稀释液：取贮存液 1.25 mL，用蒸馏水稀释至 1 000 mL，分装于适宜容器中，用温度为 121 ℃的高压蒸汽灭菌锅灭菌 15 min。

3. 无菌生理盐水

将 8.5 g 氯化钠加入 1 000 mL 蒸馏水中，搅拌至完全溶解，分装后，用温度为 121 ℃的高压蒸汽灭菌锅灭菌 15 min，备用。

二、检验程序

菌落总数的检验程序如图 18-1 所示。

三、操作步骤

1. 样品的稀释

(1) 无菌操作称取 25 g 茶样品，放入盛有 225 mL 的磷酸盐缓冲液或生理盐水的无菌均质杯内，利用均质器以 8 000～10 000 r/min 的转速均质 1～2 min，或放入盛有 225 mL 的磷酸盐缓冲液或生理盐水的无菌均质袋，用拍击式均质器拍打 1～2 min，制成 1∶10 的样品匀液。

(2) 用 1 mL 无菌吸管或微量移液器吸取 1∶10 样品匀液 1 mL，沿管壁缓缓注入 9 mL 稀释液的无菌试管中（吸管或吸头尖端不要触及稀释液面），振摇试管，或换用 1 支 1 mL 无菌吸管反复吹打，使其混合均匀，制成 1∶100 的样品匀液。

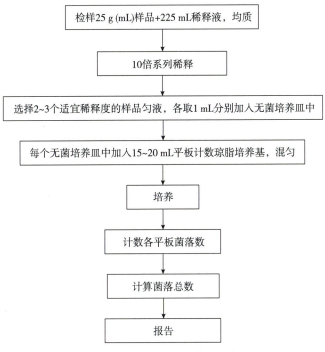

图 18-1　菌落总数的检验程序

（3）根据对样品污染状况的估计，按上述操作，依次制成 10 倍递增系列稀释样品匀液。每递增稀释 1 次，换用 1 支 1 mL 无菌吸管或吸头。

（4）根据对样品污染状况的估计，选择 2～3 个适宜稀释度的样品匀液（液体样品可包括原液），在进行 10 倍递增稀释时，吸取 1 mL 样品匀液于无菌平皿内，每个稀释度做两个平皿。同时，分别取 1 mL 无菌稀释液加入 2 个无菌平皿做空白对照。

（5）及时将 15～20 mL 冷却至 46 ℃的平板计数琼脂培养基 ［可放置于 （46±1）℃恒温水浴箱中保温］ 倾注平皿，并转动平皿使其混合均匀，置水平台面待培养基完全凝固。

2. 培养

（1）待琼脂凝固后，将平板翻转，在 （36±1）℃恒温培养箱中培养 （48±2）h，观察并记录培养至第 5 天的结果。

（2）如果样品中可能含有在琼脂培养基表面弥漫生长的菌落，可在凝固后的琼脂表面覆盖一薄层琼脂培养基 （约 4 mL），待凝固后翻转平板，按上述 （1） 的条件进行培养。

3. 菌落计数

可用肉眼观察，必要时使用放大镜或菌落计数器，记录稀释倍数和相应的菌落数量。菌落计数以菌落形成单位表示。

（1）选取菌落数为 30～300 CFU、无蔓延菌落生长的平板计数菌落总数，如图 18-2 （a） 所示。低于 30 CFU 的平板记录具体菌落数；高于 300 CFU 的平板可记录为多不可计。每个稀释度的菌落数应采用两个平板的平均数。

（2）当其中一个平板有较大片状菌落生长时，如图 18-2 （b） 所示，则不宜采用，而应以无片状菌落生长的平板计数该稀释度的菌落数；若片状菌落不到平板的一半，而其余一半中菌落分布又很均匀，如图 18-2（c）所示，则可计算半个平板的菌落数后乘以 2，代表一个平板菌落数。

（3）当平板上出现菌落间无明显界线的链状生长时，则将每条单链作为一个菌落计数，如图 18-2（d）所示。

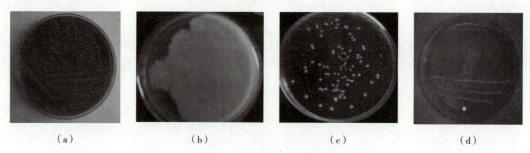

（a）　　　　　　　（b）　　　　　　　（c）　　　　　　　（d）

图 18-2　菌落生长情况

（a）无蔓延菌落；（b）较大片状菌落；（c）片状菌落不到平板一半；（d）无明显界线的链状菌落

4. 结果与报告

（1）结果及计算。

1）若只有一个稀释度平板上的菌落数为 30～300 CFU，则计算同一稀释度的两个平板菌落数的平均值，再将平均值乘以相应稀释倍数，作为每 g（mL）样品中菌落总数结果。

$$N = \frac{A_1 + A_2}{2} \times B$$

式中　N——样品中菌落数；

　　　A_1——稀释度第一平板菌落总数；

　　　A_2——同一稀释度下第二平板菌落总数；

　　　B——A 菌落数对应的稀释度。

例如，某茶企业检测一批次茶叶中霉菌含量的检测结果见表 18-1。

表 18-1　霉菌检测结果

稀释度（B）	1∶100	1∶1 000	1∶10 000
菌落数/CFU	264，228	25，12	4，5

样品中霉菌的菌落数应按照下列步骤进行计算。

第一步，求出各稀释度的平均菌落数（表 18-2）。

表 18-2　各稀释度的平均菌落数

稀释度（B）	1∶100	1∶1 000	1∶10 000
菌落数/CFU	264，228	25，12	4，5
平均菌落数/CFU	（264+228）/2=246	（25+12）/2≈19	（4+5）/2≈5

第二步，比较和计算。由平均菌落数可知，只有 1∶100 稀释度下的平均菌落数为 30～300 CFU，所以，霉菌菌落数为

$$N = \frac{264 + 228}{2} \times 100 = 2.5 \times 10^4 \text{（CFU/g）}$$

2）若所有稀释度下平板菌落数平均数均为 30～300 CFU，则用最大稀释倍数乘以其平均菌落数计算：

$$N = \frac{A_1 + A_2}{2} \times B$$

式中　N——样品中菌落数；

　　　A_1——最大稀释度第一平板菌落总数；

　　　A_2——最大稀释度第二平板菌落总数；

　　　B——A 菌落数对应的稀释度。

例如，某茶企业检测一批次茶叶中霉菌含量的检测结果见表 18-3。

表 18-3　霉菌检测结果

稀释度（B）	1：100	1：1 000	1：10 000
菌落数/CFU	120，140	68，62	33，31

样品中霉菌的菌落数应按照下列步骤进行计算。

第一步，求出各稀释度的平均菌落数（表 18-4）。

表 18-4　各稀释度的平均菌落数

稀释度（B）	1：100	1：1 000	1：10 000
菌落数/CFU	120，140	68，62	33，31
平均菌落数/CFU	（120+140）/2=130	（68+62）/2=65	（33+31）/2=32

第二步，比较和计算。由平均菌落数可知，所有稀释度下的平均菌落数为 30～300 CFU，所以，霉菌菌落数按最大稀释倍数乘以其平均菌落数计算：

$$N = \frac{31 + 33}{2} \times 10\,000 = 3.2 \times 10^5 \quad （CFU/g）$$

3）若两个连续稀释度平板上菌落数均为 30～300 CFU，则用以下公式进行计算：

$$N = \frac{\sum C}{(n_1 + 0.1n_2) \times d}$$

式中　N——样品中菌落数；

　　　$\sum C$——菌落数为 30～300 CFU 的所有平板中菌落数之和；

　　　n_1——第一稀释度（低稀释倍数）下菌落数为 30～300 CFU 的平板个数；

　　　n_2——第二稀释度（高稀释倍数）下菌落数为 30～300 CFU 的平板个数；

　　　d——第一稀释度。

例如，某茶企业检测一批次茶叶中霉菌含量的检测结果见表 18-5。

表 18-5　霉菌检测结果

稀释度（B）	1：100	1：1 000	1：10 000
菌落数/CFU	280，260	35，45	3，10

样品中霉菌的菌落数应按照下列步骤进行计算。

第一步，求出各稀释度的平均菌落数（表18-6）。

表 18-6　各稀释度的平均菌落数

稀释度（B）	1∶100	1∶1 000	1∶10 000
菌落数/CFU	280，260	35，45	3，11
平均菌落数/CFU	（280＋260）/2＝270	（35＋45）/2＝40	（3＋11）/2＝7

第二步，比较和计算。由平均菌落数可知，只有 1∶100 和 1∶1 000 两个连续稀释度的平均菌落数为 30～300 CFU，所以，霉菌菌落数为

$$N = \frac{\sum C}{(n_1 + 0.1n_2) \times d} = \frac{280 + 260 + 35 + 45}{(2 + 0.1 \times 2) \times 10^{-2}} = 2.8 \times 10^4 \ (\text{CFU/g})$$

4）若所有平板上菌落数均大于 300 CFU，则对稀释度最高的平板进行计数，其他平板可记录为多不可计，结果按平均菌落数乘以最高稀释倍数计算。

5）若所有平板上菌落数均小于 30 CFU，则应按稀释度最低的平均菌落数乘以稀释倍数计算。

6）若所有稀释度（包括液体样品原液）平板均无菌落生长，则以小于 1 CFU 乘以最低稀释倍数计算。

7）若所有稀释度的平板菌落数均不在 30～300 CFU 范围内，其中一部分小于 30 CFU 或大于 300 CFU 时，则以最接近 30 CFU 或 300 CFU 的平均菌落数乘以稀释倍数计算。

（2）报告。

1）菌落数在 100 CFU 以内时，按"四舍五入"原则修约，采用整数报告。例如，计数为"94 CFU/g"，则报告为"90 CFU/g"。

2）菌落数大于或等于 100 CFU 时，前第 3 位数字采用"四舍五入"原则修约后，取前 2 位数字，后面用 0 代替位数来表示结果；也可用 10 的指数形式来表示，此时也按"四舍五入"原则修约，采用两位有效数字。例如，菌落数为"2 270 CFU/g"，则报告为"2 300 CFU/g"或"2.3×10³ CFU/g"。

3）若所有平板上为蔓延菌落而无法计数，则报告菌落蔓延。

4）若空白对照平板上有菌落出现，则此次检测结果无效。

5）称重取样以 CFU/g 为单位报告。

四、结果记录

将实验相关数据填入表 18-7 中。

表 18-7　茶叶中菌落总数检测记录表

日期：　　　　　　　　　　　　　　　　　　　　　　　　　　　　　　　　　　操作人：

试样名称			试样质量/g	
稀释度（B）				空白
菌落数/CFU				
平均菌落数/CFU				

注意事项

（1）在本实验中，高压蒸汽灭菌锅在使用时必须严格按照操作规程进行操作，使用前进行安全检查，保证设备结构完整且功能正常，注意检查水位必须适宜，防止空锅加热引起爆炸；水位过高时温度达不到灭菌温度导致灭菌不彻底，影响检测结果。

（2）样品处理及接种均要在超净工作台等无菌环境中进行，防止样品被二次污染和感染操作人员，从而影响检测结果。为了控制污染，在取样进行检验的同时，于工作台上打开一块琼脂平板，其暴露的时间应与该检样从制备、稀释到加入平皿时所暴露的最长时间相当，然后与加有检样的平皿一并置于温箱内培养，以了解检样在检验操作过程中有无受到来自空气的污染。

（3）菌落计数时要认真、仔细，不得错数、多数、少数。如果平板上出现链状菌落，菌落之间没有明显的界限，这是在琼脂与检样混合时，一个细菌块被分散所造成的。一条链作为一个菌落计，如有来源不同的几条链，每条链都作为一个菌落计，不要把链上生长的各个菌落分开来数。

（4）样品中菌落数计算时，要根据各稀释度的平均菌落数选择适宜的计算方法进行计算。如果稀释度大的平板上的菌落数反比稀释度小的平板上的菌落数高，则是检验工作中发生的差错，属于实验室事故。此外，也可能因抑菌剂混入样品中所致，均不可用作检样计数报告的依据。

任务十九　茶叶中大肠菌群的检测

学习目标

能准确描述大肠菌群的典型特点；能初步分析茶叶中大肠菌群的来源及危害；能解读《食品安全国家标准 食品微生物学检验 大肠菌群计数》（GB 4789.3—2016），并根据国家标准进行茶叶中大肠菌群的检测；培养严谨科学的实验态度和作风、居安思危的危机意识和解决问题的能力。

知识准备

茶叶质量安全主要包括农药残留、有害重金属残留、有害微生物、非茶异物和粉尘污染等因素，涉及茶叶的原料生产和加工两个过程。茶叶微生物污染途径主要包括鲜叶和成茶的摊放、茶厂的环境、工人的服装、包装器具和场所，以及茶叶流通过程中污染。

我国茶叶中有害微生物主要表现为大肠杆菌、沙门氏杆菌等肠道感染细菌超标，出口茶叶中大肠杆菌、黄曲霉毒素均时有检出，茶叶的微生物污染情况不容乐观。农业行业标准《无公害食品 茉莉花茶加工技术规程》（NY/T 5245—2004）对茶叶中大肠菌群进行限量［≤300 MPN/(100g)］。

一、大肠菌群的概念

大肠菌群是指在一定培养条件下，能发酵乳糖、产酸产气的需氧和兼性厌氧革兰氏阴性无芽孢杆菌。

大肠菌群并非细菌学分类命名，而是卫生细菌领域的用语，它不代表某一个或某一属细菌，而是指具有某些特性的一组与粪便污染有关的细菌。食品中大肠菌群数一般以 100 mL（或 g）检样内大肠菌群最可能数（MPN）表示。

大肠杆菌（$E.\ Coli$）即大肠埃希氏菌（$Escherichia\ Coli$）的简称，是大肠菌群的模式种，是革兰氏染色阴性直杆菌，因最早由德国的细菌学家西奥多·埃舍里奇（Theodor Escherich）分离出来而得名。大肠杆菌是两端钝圆的短杆菌，一般大小为（$0.5 \sim 0.8\ \mu m$）×（$1.0 \sim 3.0\ \mu m$），因生长条件不同，个别菌体可呈近似球状或长丝状。约有 50% 的菌株具有周生鞭毛而能运动；多数菌株生长有比鞭毛细、短、直且数量多的菌毛，有的菌株具有荚膜及微荚膜；不形成芽孢，对普通碱性染料着色良好，革兰氏染色阴性。

大肠杆菌属于兼性厌氧菌，在无氧或有氧的条件下，其都可以生长。在有氧条件下生长良好，最适生长 pH 值为 $6.8 \sim 8.0$，所用培养基 pH 值为 $7.0 \sim 7.5$，若 pH 值低于 6.0 或高于 8.0，则生长缓慢。生长温度范围为 $15 \sim 46\ ℃$，最适生长温度为 37 ℃。在普通营养琼脂上生长表现出 3 种菌落形态。

（1）光滑型：菌落边缘整齐，表面有光泽、湿润、光滑、呈灰色，在生理盐水中容易分散。

（2）粗糙型：菌落扁平、干涩、边缘不整，易在生理盐水中自凝。

（3）黏液型：常为含有荚膜的菌株。

二、大肠菌群的特点

大肠杆菌属于卫生学意义的大肠菌群和粪大肠菌群的范畴，生化反应是鉴定大肠杆菌的主要方法之一。大肠菌群具有以下特点：

（1）来源专一性，只存在于人和温血动物的肠道；

（2）在粪便中具有较大的数量，从而需要进行高倍稀释；

（3）对外部环境具有较高的耐受性，可以评价它们对外界的污染；

（4）具有比其他由水引起的传染性致病菌更容易分离和鉴定的优势，因此，即使数量较少，仍可进行相对容易和可靠的检测。

大肠菌群是世界大多数国家和组织评价食品卫生质量的重要安全性指标之一。

三、茶叶中大肠菌群检测的可能影响因素

茶叶中的大肠菌群与其他食品中的大肠菌群所处环境有所不同，茶叶水分活度低，一般比较干燥，这种环境不适宜微生物生长。

另外，茶叶中多酚类物质含量较高，这些物质对细菌类微生物具有一定的抑制作用，这也不利于微生物生长。

这两方面的因素会使一些微生物处于损伤状态，或称亚致死状态。

然而，这些微生物若处于适宜的环境中，又会复活，继续生长繁殖。因此，处于亚致死状态的大肠菌群一旦处于适宜环境中（如茶叶含水率增加），就会复活，继而可导致饮用者致病。

因此，对于茶叶大肠菌群检测的准确性，在很大程度上取决于是否恰好使损伤的大肠菌群得以修复。

根据茶叶污染微生物的特点，可采用《食品安全国家标准 食品微生物学检验 大肠菌群计数》（GB 4789.3—2016）中的 MPN 计数法对茶叶中的大肠菌群进行检测。

 **技能训练**

训练任务 茶叶中大肠菌群的检测

一、材料、设备与试剂

（一）材料

（1）待测茶样。

（2）无菌吸管：1 mL（具0.01 mL刻度）、10 mL（具0.1 mL刻度）或微量移液器及吸头。

（3）无菌锥形瓶：容量为500 mL。

（4）无菌培养皿：直径为90 mm。

（5）pH计或pH比色管或精密pH试纸。

（6）培养基。

1）月桂基硫酸盐胰蛋白胨（Lauryl Sulfate Tryptose，LST）肉汤。

①成分：胰蛋白胨或胰酪胨20.0 g、氯化钠5.0 g、乳糖5.0 g、磷酸氢二钾（K_2HPO_4）2.75 g、磷酸二氢钾（KH_2PO_4）2.75 g、月桂基硫酸钠0.1 g、蒸馏水1 000 mL。

②制法：将上述成分溶解于蒸馏水中，调节pH值至6.8±0.2。分装到有玻璃小导管的试管中，每管10 mL，用温度为121 ℃的高压蒸汽灭菌锅灭菌15 min。

2）煌绿乳糖胆盐（Brilliant Green Lactose Bile，BGLB）肉汤。

①成分：蛋白胨10.0 g、乳糖10.0 g、牛胆粉（oxgall或oxbile）溶液200 mL、0.1%煌绿水溶液13.3 mL、蒸馏水800 mL。

②制法：将蛋白胨、乳糖溶于约500 mL蒸馏水中，加入牛胆粉溶液200 mL（将20.0 g脱水牛胆粉溶于200 mL蒸馏水中，调节pH值至7.0~7.5），用蒸馏水稀释到975 mL，调节pH值至7.2±0.1，再加入0.1%的煌绿水溶液13.3 mL，用蒸馏水补足到1 000 mL，用棉花过滤后，分装到有玻璃小导管的试管中，每管10 mL。用温度为121 ℃的高压蒸汽灭菌锅灭菌15 min。

（二）设备

（1）高压蒸汽灭菌锅。

（2）超净工作台。

（3）恒温培养箱：（36±1)℃。

（4）冰箱：2~5 ℃。

（5）恒温水浴箱：（46±1)℃。

（6）天平：感量为0.1 g。

（7）均质器。

（8）振荡器。

（9）菌落计数器。

（10）杜氏小管（导管）。

（三）试剂

（1）无菌磷酸盐缓冲液：称取34.0 g KH_2PO_4溶于500 mL蒸馏水中，用大约175 mL的1 mol/L氢氧化钠溶液调节pH值至7.2±0.2，用蒸馏水稀释至1 000 mL后贮存于冰箱，即得无菌磷酸盐缓冲液贮存液。取贮存液 1.25 mL，用蒸馏水稀释至 1 000 mL，分装于适宜容器中，用温度为 121 ℃的高压蒸汽灭菌锅灭菌 15 min，即得无菌磷酸盐缓冲液。

（2）无菌生理盐水：称取 8.5 g 氯化钠溶于 1 000 mL 蒸馏水中，用温度为 121 ℃的高压蒸汽灭菌锅灭菌 15 min。

（3）1 mol/L NaOH 溶液：称取 40 g 氢氧化钠溶于 1 000 mL 无菌蒸馏水中。

（4）1mol/L HCl 溶液：移取浓盐酸 90 mL，用无菌蒸馏水稀释至 1 000 mL。

二、检验程序

大肠菌群 MPN 计数的检验程序如图 19-1 所示。

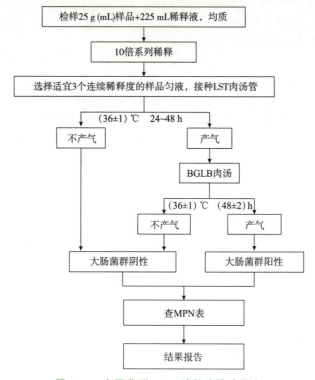

图 19-1　大肠菌群 MPN 计数法检验程序

三、操作步骤

1. 样品的稀释

（1）无菌操作称取 25 g 茶样品，放入盛有 225 mL 的磷酸盐缓冲液或生理盐水的无菌均质杯内，利用均质器以 8 000～10 000 r/min 的转速均质 1～2 min，或放入盛有 225 mL 的磷酸盐缓冲液或生理盐水的无菌均质袋中，用拍击式均质器拍打 1～2 min，制成 1∶10 的样品匀液。

（2）样品匀液的 pH 值应为 6.5～7.5，必要时分别用 1 mol/L NaOH 或 1 mol/L HCl 调节。

（3）用 1 mL 无菌吸管或微量移液器吸取 1∶10 的样品匀液 1 mL，沿管壁缓缓注入 9 mL 的磷酸盐缓冲液或生理盐水的无菌试管（注意吸管或吸头尖端不要触及稀释液面），振摇试管或换用 1 支 1 mL 无菌吸管反复吹打，使其混合均匀，制成 1∶100 的样品匀液。

（4）根据对样品污染状况的估计，按上述操作，依次制成10倍递增系列稀释样品匀液。每递增稀释1次，换用1支1 mL无菌吸管或吸头。从制备样品匀液至样品接种完毕，全过程不得超过15 min。

2. 初发酵实验

每个样品选择3个适宜的连续稀释度的样品匀液，每个稀释度接种3管月桂基硫酸盐胰蛋白胨（LST）肉汤，每管接种1 mL（如接种量超过1 mL，则用双料LST肉汤），在温度为（36±1）℃的条件下培养（24±2）h，观察导管内是否有气泡产生，（24±2）h产气者进行复发酵实验（证实实验），如未产气，则继续培养至（48±2）h，产气者进行复发酵实验。未产气者为大肠菌群阴性。

3. 复发酵实验（证实实验）

用接种环从产气的LST肉汤管中分别取培养物1环，移种于煌绿乳糖胆盐（BGLB）肉汤管中，在温度为（36±1）℃条件下培养（48±2）h，观察产气情况。产气者，计为大肠菌群阳性管。

4. 大肠菌群最可能数（MPN）的报告

按上述确证的大肠菌群BGLB阳性管数，检索MPN表（表19-1），报告每g（mL）样品中大肠菌群的MPN值。

四、结果计算

大肠菌群最可能数（MPN）检索表。每g（mL）检样中大肠菌群最可能数（MPN）的检索见表19-1。

表 19-1　大肠菌群最可能数（MPN）检索表

阳性管数			MPN	95％可信限		阳性管数			MPN	95％可信限	
0.10	0.01	0.001		下限	上限	0.10	0.01	0.001		下限	上限
0	0	0	<3.0	—	9.5	2	2	0	21	4.5	42
0	0	1	3.0	0.15	9.6	2	2	1	28	8.7	94
0	1	0	3.0	0.15	11	2	2	2	35	8.7	94
0	1	1	6.1	1.2	18	2	3	0	29	8.7	94
0	2	0	6.2	1.2	18	2	3	1	36	8.7	94
0	3	0	9.4	3.6	38	3	0	0	23	4.6	94
1	0	0	3.6	0.17	18	3	0	1	38	8.7	110
1	0	1	7.2	1.3	18	3	0	2	64	17	180
1	0	2	11	3.6	38	3	1	0	43	9	180
1	1	0	7.4	1.3	20	3	1	1	75	17	200
1	1	1	11	3.6	38	3	1	2	120	37	420
1	2	0	11	3.6	42	3	1	3	160	40	420
1	2	1	15	4.5	42	3	2	0	93	18	420
1	3	0	16	4.5	42	3	2	1	150	37	420
2	0	0	9.2	1.4	38	3	2	2	210	40	430

续表

阳性管数			MPN	95％可信限		阳性管数			MPN	95％可信限	
0.10	0.01	0.001		下限	上限	0.10	0.01	0.001		下限	上限
2	0	1	14	3.6	42	3	2	3	290	90	1 000
2	0	2	20	4.5	42	3	3	0	240	42	1 000
2	1	0	15	3.7	42	3	3	1	460	90	2 000
2	1	1	20	4.5	42	3	3	2	1 100	180	4 100
2	1	2	27	8.7	94	3	3	3	>1 100	420	—

五、结果记录

将实验相关数据填入表 19-2 中。

表 19-2　茶叶中大肠菌群检测记录表

日期：　　　　　　　　　　　　　　　　　　　　　　　　　操作人：

试样名称				试样质量/g			
稀释度	第一稀释度		第二稀释度		第三稀释度		
初发酵结果 （产气情况）							
复发酵结果 （产气管数）							
MPN 值							

注意事项

（1）在本实验中，高压蒸汽灭菌锅在使用时必须严格按照操作规程进行操作，使用前进行安全检查，保证设备结构完整且功能正常，注意检查水位必须适宜，防止空锅加热引起爆炸；水位过高时温度达不到灭菌温度导致灭菌不彻底，影响检测结果。

（2）样品处理及接种均要在超净工作台等无菌环境中进行，防止样品二次污染和感染操作人员，从而影响检测结果。

（3）表 19-1 中采用 3 个稀释度［0.1 g、0.01 g、0.001 g（mL）］，每个稀释度接种 3 管。

（4）表 19-1 中所列检样量如改用 1 g、0.1 g 和 0.01 g（mL），表内数字应相应降低 10 倍；如改用 0.01 g、0.001 g 和 0.000 1 g（mL），则表内数字应相应提高 10 倍，其余类推。

任务二十　茶叶中霉菌的检测

 学习目标

能准确描述霉菌的典型特点；能初步分析茶叶中霉菌的来源及危害；能解读《食品安全国家标准 食品微生物学检验 霉菌和酵母计数》（GB 4789.15—2016），并根据国家标准进行茶叶中霉菌的检测；培养耐心、细心、用心的工匠精神，强烈的生物安全意识和保护环境的社会责任感。

知识准备

在茶叶的生产和贮存过程中，由于不当的生产方式和环境条件，导致霉菌在茶叶中污染和繁殖。茶叶中霉菌的存在不仅严重影响茶叶的品质，同时其产生的多种真菌毒素对人类健康造成直接和潜在的危害。目前，茶叶进口国和消费国均已对茶叶中的霉菌提出了控制要求，将茶叶中的有害微生物列入必检项目，对霉菌限量一般为 1 000 CFU/g。

一、霉菌的基本特点

凡是在营养基质上能形成绒毛状、网状或絮状菌丝体的丝状真菌，统称为霉菌。菌丝是霉菌营养体的基本单位，菌丝缠绕成菌丝体，其直径通常为 3～10 mm，与酵母菌相似。

霉菌不能进行光合作用，以孢子和菌丝片段进行繁殖，具有发达的菌丝体和各种子实体构造，营养方式为分解吸收型，扮演着有机物分解者的角色，其细胞壁的主要成分为几丁质，陆生性较强，在潮湿偏酸性的环境下易于生长。

二、茶叶污染霉菌的特点

茶叶因受潮吸湿，或因外界环境及加工过程中的污染易滋生霉菌，常见的品种有曲霉菌、青霉菌、黑曲霉和灰绿曲霉等。有的属于有益霉菌，如茯砖中的灰绿曲霉、普洱茶中的黑曲霉，它们都是黑茶加工中的优势菌，它们在黑茶渥堆过程中分泌胞外酶（多酚氧化酶、抗坏血酸酶等）并通过呼吸代谢产生热量，对黑茶的品质形成起着相当重要的作用，能促使成茶香味纯和。

一般情况下可以通过看颜色、闻气味、察外观来判断茶叶是否污染了霉菌。

1. 看颜色

茶的正常颜色是嫩绿色或深绿色，有光泽和新鲜。茶发霉后会有黑色点、灰白色和其他类似的霉菌斑。

2. 闻气味

正常茶会散发出淡淡的茶香，发霉的茶会散发出较浓的霉味。

3. 察外观

好的茶叶均匀、致密、色泽鲜艳；发霉的茶叶外观疏松，表面有明显的霉斑。

三、霉菌的检测

霉菌的菌落大、疏松、干燥、不透明，一般呈绒毛状、絮状、网状等，菌体可沿培养基表面蔓延生长，由于不同的真菌孢子含有不同的色素，所以菌落可呈现红、黄、绿、青绿、青灰、黑、白、灰等多种颜色。如果是静止培养，霉菌往往在表面上生长，液面上形成菌膜。如果是振荡培养，菌丝有时相互缠绕在一起形成菌丝球，菌丝球可能均匀地悬浮在培养液中或沉于培养液底部，也可形成絮片状，与振荡速度有关。

因此，根据茶叶污染霉菌的特点，可以采用《食品安全国家标准 食品微生物学检验 霉菌和酵母计数》（GB 4789.15—2016）对茶叶中的霉菌进行检测。

 技能训练

训练任务　茶叶中霉菌的检测

一、材料、设备与试剂

（一）材料

（1）待测茶样。

（2）无菌吸管：1 mL（具 0.01 mL 刻度）、10 mL（具 0.1 mL 刻度）或微量移液器及吸头。

（3）无菌锥形瓶：容量为 500 mL。

（4）无菌培养皿：直径为 90 mm。

（5）pH 计或 pH 比色管或精密 pH 试纸。

（6）无菌试管：10 mm×75 mm。

（7）培养基。

1）马铃薯葡萄糖琼脂培养基。

①成分：马铃薯（去皮切块）300 g、葡萄糖 20.0 g、琼脂 20.0 g、氯霉素 0.1 g、蒸馏水 1 000 mL。

②制法：将马铃薯去皮切块，加入 1 000 mL 蒸馏水，煮沸 10～20 min。用纱布过滤，补加蒸馏水至 1 000 mL。加入葡萄糖和琼脂，加热溶解，分装后，用温度为 121 ℃ 的高压蒸汽灭菌锅灭菌 15 min，备用。

2）孟加拉红培养基。

①成分：蛋白胨 5.0 g、葡萄糖 10.0 g、磷酸二氢钾 1.0 g、硫酸镁（无水）0.5 g、琼脂 20.0 g、孟加拉红 0.033 g、氯霉素 0.1 g、蒸馏水 1 000 mL。

②制法：上述各成分加入蒸馏水，加热溶解，补足蒸馏水至 1 000 mL，分装后，用温度为 121 ℃ 的高压蒸汽灭菌锅灭菌 15 min，避光保存备用。

（二）设备

（1）高压蒸汽灭菌锅。

（2）超净工作台。

（3）恒温培养箱：（28±1）℃。

（4）冰箱：2～5 ℃。

（5）恒温水浴箱：（46±1）℃。

（6）电子天平：感量为 0.1 g。

（7）拍击式均质器及均质袋。

（8）恒温振荡器。

（三）试剂

（1）无菌磷酸盐缓冲液。

1）贮存液：称取 34.0 g 的磷酸二氢钾溶于 500 mL 蒸馏水中，用大约 175 mL 的 1 mol/L 氢氧化钠溶液调节 pH 值至 7.2±0.1，用蒸馏水稀释至 1 000 mL 后，贮存于冰箱。

2）稀释液：取贮存液 1.25 mL，用蒸馏水稀释至 1 000 mL，分装于适宜容器中，用温度为 121 ℃ 的高压蒸汽灭菌锅灭菌 15 min。

（2）无菌生理盐水。将 8.5 g 的氯化钠加入 1 000 mL 蒸馏水中，搅拌至完全溶解，分装后，用温度为 121 ℃ 的高压蒸汽灭菌锅灭菌 15 min，备用。

二、检验程序

霉菌和酵母平板计数法的检验程序如图 20-1 所示。

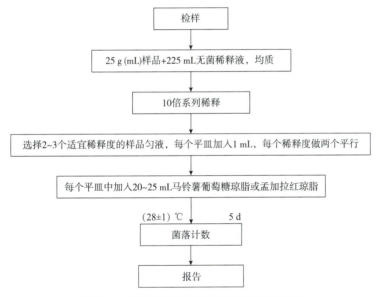

图 20-1　霉菌和酵母平板计数法的检验程序

三、操作步骤

1. 样品的稀释

（1）无菌操作称取 25 g 茶样品于无菌锥形瓶中，加入 225 mL 的无菌稀释液（蒸馏水或生理盐水或磷酸盐缓冲液），充分振摇；或放入盛有 225 mL 无菌蒸馏水的均质袋，用拍击式均质器拍打 2 min，制成 1∶10 的样品匀液。

（2）用 1 mL 无菌吸管或微量移液器吸取 1∶10 样品匀液 1 mL，沿管壁缓缓注入 9 mL 无菌水的无菌试管中（注意吸管或吸头尖端不要触及稀释液面），充分振摇试管，或在旋涡混合器上混匀，或换用 1 支 1 mL 无菌吸管反复吹吸，使其混合均匀，制成 1∶100 的样品匀液。

（3）根据对样品污染状况的估计，按上述操作，依次制成 10 倍递增系列稀释样品匀液。每递增稀释 1 次，换用 1 支 1 mL 无菌吸管或吸头。从制备样品匀液至样品接种完毕，全过程不得超过 15 min。

（4）根据对样品污染状况的估计，选择 2～3 个适宜稀释度的样品匀液（液体样品可包括原液），在进行 10 倍递增稀释的同时，每个稀释度分别吸取 1 mL 样品匀液于 2 个无菌平皿内。同时，分别取 1 mL 无菌稀释液加入 2 个无菌平皿做空白对照。

（5）及时将 20～25 mL 冷却至 46 ℃的马铃薯葡萄糖琼脂或孟加拉红琼脂［可放置于（46±1）℃恒温水浴箱中保温］倾注平皿，并转动平皿使其混合均匀。置水平台面待培养基完全凝固。

2. 培养

琼脂凝固后，正置平板，置于（28±1）℃恒温培养箱中培养，观察并记录培养至第 5 天的结果。

3. 菌落计数

用肉眼观察，必要时可用放大镜或低倍镜，记录稀释倍数和相应的霉菌和酵母菌落数。以菌落形成单位（colony-forming units，CFU）表示。选取菌落数为 10～150 CFU 的平板，根据菌落形态分别计数霉菌和酵母。霉菌蔓延生长覆盖整个平板的，可记录为菌落蔓延。

4. 结果与报告

（1）结果及计算。

1）若只有一个稀释度平板上的菌落数为 10～150 CFU，则计算同一稀释度的两个平板菌落数的平均值，再将平均值乘以相应稀释倍数。

$$N = \frac{A_1 + A_2}{2} \times B$$

式中　N——样品中菌落数；

　　　A_1——稀释度第一平板的菌落总数；

　　　A_2——同一稀释度下第二平板的菌落总数；

　　　B——A 菌落数对应的稀释度。

例如，某茶企业检测一批次茶叶中霉菌含量的检测结果见表 20-1。

表 20-1　霉菌检测结果

稀释度（B）	1∶100	1∶1 000	1∶10 000
菌落数/CFU	120, 34	8, 9	4, 5

样品中霉菌的菌落数按照下列步骤进行计算。

第一步，求出各稀释度的平均菌落数（表 20-2）。

表 20-2　各稀释度的平均菌落数

稀释度（B）	1∶100	1∶1 000	1∶10 000
菌落数/CFU	120, 34	8, 9	4, 5
平均菌落数/CFU	（120+34）/2=77	（8+9）/2≈9	（4+5）/2≈5

第二步，比较和计算。由平均菌落数可知，只有 1∶100 稀释度下的平均菌落数为 10～150 CFU，所以，霉菌菌落数为

$$N = \frac{120+34}{2} \times 100 = 7.7 \times 10^3 \ (CFU/g)$$

2）若所有稀释度下平板菌落数平均数均为 10～150 CFU，则用最大稀释倍数乘以其平均菌落数。

$$N = \frac{A_1 + A_2}{2} \times B$$

式中　N——样品中菌落数；

　　　A_1——最大稀释度第一平板的菌落总数；

　　　A_2——最大稀释度第二平板的菌落总数；

　　　B——A 菌落数对应的稀释度。

例如，某茶企业检测一批次茶叶中霉菌含量的检测结果见表 20-3。

表 20-3　霉菌检测结果

稀释度（B）	1∶100	1∶1 000	1∶10 000
菌落数/CFU	120，34	68，39	44，25

样品中霉菌的菌落数按照下列步骤进行计算。

第一步，求出各稀释度的平均菌落数（表 20-4）。

表 20-4　各稀释度的平均菌落数

稀释度（B）	1∶100	1∶1 000	1∶10 000
菌落数/CFU	120，34	68，39	44，25
平均菌落数/CFU	（120+34）/2=77	（68+39）/2≈54	（44+25）/2≈35

第二步，比较和计算。由平均菌落数可知，所有稀释度下的平均菌落数为 10～150 CFU，所以，霉菌菌落数按最大稀释倍数乘以其平均菌落数计算：

$$N = \frac{44+25}{2} \times 10\ 000 = 3.5 \times 10^5 \ (CFU/g)$$

3）若两个连续稀释度平板上菌落数均为 10～150 CFU，则用以下公式进行计算：

$$N = \frac{\sum C}{(n_1 + 0.1 n_2) \times d}$$

式中　N——样品中菌落数；

　　　$\sum C$——菌落数为 10～150 CFU 的所有平板中菌落数之和；

　　　n_1——第一稀释度（低稀释倍数）下菌落数为 10～150 CFU 的平板个数；

　　　n_2——第二稀释度（高稀释倍数）下菌落数为 10～150 CFU 的平板个数；

　　　d——第一稀释度。

例如，某茶企业检测一批次茶叶中霉菌含量的检测结果见表 20-5。

表 20-5　霉菌检测结果

稀释度（B）	1∶100	1∶1 000	1∶10 000
菌落数/CFU	120，34	68，39	4，8

样品中霉菌的菌落数按照下列步骤进行计算。

第一步，求出各稀释度的平均菌落数（表 20-6）。

表 20-6　各稀释度的平均菌落数

稀释度（B）	1∶100	1∶1 000	1∶10 000
菌落数/CFU	120, 34	68, 39	4, 8
平均菌落数/CFU	（120＋34）/2＝77	（68＋39）/2≈54	（4＋8）/2＝6

第二步，比较和计算。由平均菌落数可知，只有 1∶100 和 1∶1 000 两个连续稀释度的平均菌落数为 10～150 CFU，所以，霉菌菌落数为

$$N = \frac{\sum C}{(n_1 + 0.1n_2) \times d} = \frac{120 + 34 + 68 + 39}{(2 + 0.1 \times 2) \times 10^{-2}} = 1.2 \times 10^4 \text{（CFU/g）}$$

4）若所有平板上菌落数均大于 150 CFU，则对稀释度最高的平板进行计数，其他平板可记录为多不可计，结果按平均菌落数乘以最高稀释倍数计算。

5）若所有平板上菌落数均小于 10 CFU，则应按稀释度最低的平均菌落数乘以稀释倍数计算。

6）若所有稀释度（包括液体样品原液）平板均无菌落生长，则以小于 1 CFU 乘以最低稀释倍数计算。

7）若所有稀释度的平板菌落数均不在 10～150 CFU 范围内，其中一部分小于 10 CFU 或大于 150 CFU 时，则以最接近 10 CFU 或 150 CFU 的平均菌落数乘以稀释倍数计算。

（2）报告。

1）菌落数按"四舍五入"的原则修约。菌落数在 10 CFU 以内时，采用一位有效数字报告；菌落数为 10～100 CFU 时，则采用两位有效数字报告。

2）菌落数大于或等于 100 CFU 时，前第 3 位数字采用"四舍五入"原则修约后，取前 2 位数字，后面用 0 代替位数来表示结果；也可用 10 的指数形式来表示，此时也按"四舍五入"原则修约，采用两位有效数字。例如，检测结果为"1 250"，则可表示为"1 300"或"1.3×10^3"。

3）若空白对照平板上有菌落出现，则此次检测结果无效。

4）称重取样以 CFU/g 为单位报告，报告或分别报告霉菌和/或酵母数。

四、结果记录

将实验相关数据填入表 20-7 中。

表 20-7　茶叶中霉菌检测记录表

日期：　　　　　　　　　　　　　　　　　　　　　　　　　　　　　操作人：

试样名称		试样质量/g	
稀释度			
菌落数/CFU			
平均菌落数/CFU			

注意事项

（1）要注意取样工具无菌。空气中霉菌的孢子含量很高，所以，取样的工具、容器等要经过严格的高压灭菌。

本实验中，高压蒸汽灭菌锅在使用时必须严格按照操作规程进行操作，使用前进行安全检查，保证设备结构完整且功能正常，注意检查水位必须适宜，防止空锅加热引起爆炸；水位过高时温度达不到灭菌温度导致灭菌不彻底，影响检测结果。

（2）样品处理及接种均要在超净工作台等无菌环境中进行，由于霉菌易被携带，因此，检样时操作人员应尽量避免自身携带的可能。防止样品二次污染和感染操作人员，从而影响检测结果。

（3）要注意取样的代表性，保证样品的均质及充分振摇。有些霉菌孢子是连成串的，故均质和振摇能使其充分散开。同时，在各梯度连续稀释时，也要用灭菌吸管反复吹吸几次，使霉菌孢子充分散开。

（4）样品中菌落计数时要认真、仔细，不得错数、多数或少数。计算时，要根据各稀释度的平均菌落数选择适宜的计算方法进行计算。

项目五 茶叶中重金属与微量元素检测

项目提要

重金属是指密度大于 $4.5\ \text{g/cm}^3$ 的金属，包括金、银、铜、铁、汞、铅、镉等。重金属在人体中累积达到一定程度时，就会造成慢性中毒。在环境污染方面，重金属主要是指汞（水银）、镉、铅、铬及类金属砷等生物毒性显著的重元素。重金属非常难以被生物降解，却能在食物链的生物放大作用下，成千百倍地富集，最后进入人体。重金属在人体内能与蛋白质及酶等发生强烈的相互作用，使它们失去活性，也可能在人体的某些器官中累积，造成慢性中毒。

随着国内外对茶的食用安全和卫生问题的日益关注，茶叶重金属含量已成为衡量茶叶品质的重要指标。不同的品种资源及不同的栽培措施，均会影响重金属在茶树不同部位的富集。在茶叶加工过程中，也可能导致茶叶中的重金属含量超标。

微量元素是指占生物体总质量 0.01% 以下、为植物必需但需求量很少的一些元素。这些元素在土壤中缺少或不能被植物利用时，会造成植物生长不良，过多又容易引起中毒。茶叶中常见的微量元素有锌、铜、氟、钠、镍、硒等，一些微量元素对人体具有良好的保健作用。例如，硒被称为抗癌之王。

因此，加强茶叶中重金属、微量元素的检测十分必要。本项目共设计茶叶中铅和硒含量的测定 2 个任务，以引导学生掌握茶叶中重金属成分、微量元素的检测方法。

任务二十一 茶叶中铅含量的测定

学习目标

理解茶叶中铅含量现状及茶叶中铅的来源；掌握茶叶中铅含量测定的原理及方法；熟悉原子吸收光谱仪的使用，可根据《食品安全国家标准 食品中铅的测定》（GB 5009.12—2023）规定，熟练地应用石墨炉原子吸收光谱法和火焰原子吸收光谱法测定茶叶中的铅含量，培养标准化操作意识，并养成遵守实验室规定、维护环境安全和爱护精密仪器的良好意识。

 知识准备

一、铅的概述

铅是一种金属化学元素，元素符号为 Pb，原子序数为 82，原子量为 207.2，是原子量最大的非放射性元素。

铅在自然界中分布广泛，存在于大气、水、土壤等人们生活的环境中。人们通过各种途径摄入铅，在体内长期蓄积，会造成慢性铅中毒。铅中毒主要损害人体的造血系统、肾脏、神经系统和消化系统，从而导致一系列疾病；其症状主要表现为疲倦、食欲不振、体重下降，严重时还会出现头痛、耳鸣、视力障碍和精神错乱等。

二、茶叶中的铅

（一）茶叶中铅含量现状

20 世纪 90 年代初以前，茶叶中铅含量较低。韩文炎等的测定结果表明，1989 年参加我国第一届农业博览会的名优茶样品，铅含量为痕量～4.1 mg/kg，平均值和中值分别为 0.70 mg/kg 和 0.44 mg/kg。斯里兰卡曾于 20 世纪 80 年代初测定了 4 份产自我国的茶叶样品，铅含量仅为 0.29～0.31 mg/kg。但是，由于"三废"（汽车尾气、工业废水和废渣）排放量的日益增加和城市化进程的不断加快，茶叶重金属元素含量有着不同程度的提高。中国农业科学院茶叶研究所对来自全国 17 个产茶省包括绿茶、红茶、乌龙茶、紧压茶等在内的共 1 225 份茶样的测定结果表明，茶叶中铅含量为痕量～97.9 mg/kg，平均值和中值分别为 2.7 mg/kg 和 1.4 mg/kg，超过国家标准规定含量的茶样占 12%。国内外茶叶中铅含量的主要测定结果见表 21-1，茶叶中铅含量的平均值为 2.2 mg/kg，超过 5 mg/kg 的茶叶占样品总数的 8.6%。

表 21-1　茶叶中铅含量状况

茶叶来源	样品数/份	含量范围/(mg·kg⁻¹)	平均/ (mg·kg⁻¹)	超标率/%
浙江杭州	17	0.59～4.49	2.20	0
山东泰安市场	169	痕量～10.27	2.03	—
深圳商场	137	0.07～19.26	1.25	2.9
广州市场	220	0.05～4.73	1.42	0
中国西南地区	44	0.11～1.22	0.64	0
江西南昌商场	8	2.62～4.39	3.66	0
日本	139	0.11～1.93	0.49	0
斯里兰卡	73	0.19～0.56	0.43	0
尼日利亚	5	0.16～1.32	0.50	0
印度	—	2.2～5.2	—	—
印度北部地区	145	痕量～6.5	—	3.5
印度南部地区	10	6.0～10.0	7.30	100.0
英国	59	0.1～8.6	—	6.8
土耳其	14	<8.0～27.3	17.90	100.0
注：铅含量标准为 5 mg/kg				

(二）茶叶中铅的来源

由上述分析可知，铅是茶叶中主要的重金属污染成分。其来源主要有以下几方面，即大气、土壤及加工过程。

1. 大气对茶叶铅含量的影响

对于大多数作物来说，进入植物体内的铅主要来自大气，而大气中的铅主要来自汽车尾气。研究表明，黑麦草中的铅有 90%～99% 来自大气。韩文炎等测定了不同生态环境（特别是公路）对茶叶铅含量的影响，在茶树品种、树龄及管理等条件相对一致的情况下，公路边茶园新梢的铅含量要比远离公路的茶园新梢的铅含量高 0.5～2.6 mg/kg，离公路越近，茶叶铅含量越高。甘宗祁和张寿宝的研究也表明，公路边的茶叶铅含量较高，对于新梢和老叶铅含量，在距公路 50 m 时，分别为 1.52 mg/kg 和 2.97 mg/kg，而距公路 300 m 时，下降至 0.96 mg/kg 和 1.20 mg/kg。由此可见，与其他作物一样，茶叶铅污染的重要来源之一也是大气。

2. 土壤对茶叶铅含量的影响

土壤中的铅主要以 $Pb(OH)_2$、$PbCO_3$ 和 $PbSO_4$ 等形式存在，绝大多数铅盐不溶或难溶于水，土壤溶液中水溶性铅的含量很低。因此，对于多数生长于微酸性至碱性非污染土壤中的作物来说，土壤铅含量高低对作物铅含量影响不大，这也是国内外很多研究表明作物叶片或籽粒中的铅绝大多数来自大气的重要原因。但是茶树是典型的喜酸作物，土壤植茶后会持续酸化，从而导致茶园土壤 pH 值一般为 4.0～6.5，硫酸铵和尿素等化肥的大量使用加剧了土壤酸化，有的土壤 pH 值甚至低至 3.0 左右，这进一步加剧了土壤中铅的释放与茶树对铅的吸收。研究表明，茶叶铅含量与土壤铅含量呈显著正相关，因此，土壤是茶叶中铅的重要来源。

3. 加工过程对茶叶铅含量的影响

很多报道表明，加工后的茶叶铅含量比鲜叶有明显提高。例如，印度南部 20 多个无性系品种一芽二叶、三叶新梢的平均铅含量为 3.1 mg/kg，加工成 CTC 红碎茶后的铅含量提高到 7.1 mg/kg，加工成传统红条茶后的铅含量为 7.5 mg/kg。

加工过程中导致茶叶铅含量提高的原因主要是机器设备和车间的卫生状况不良。例如，灰尘（包括泥土）中的铅含量是茶叶铅含量的数十倍，因此，只要鲜叶在摊放或加工过程中有少量灰尘混入，即可使茶叶铅含量提高；同时，茶叶在揉捻或揉切过程中与机器设备的摩擦程度较重，因此，机器中的铅也会污染茶叶，导致茶叶铅含量提高。

4. 其他方面

有一些不法商人为了增加茶叶的光泽度，在茶叶中非法添加了大量的铅铬绿（一种染料），这也会使正常茶叶中铅含量超标。

（三）茶叶中铅对人体的影响

茶叶是举世公认的健康饮料，因而消费者对茶叶铅含量状况及其对人体健康的影响尤为关注。联合国粮农组织（FAO）和世界卫生组织（WHO）共同制定了人体暂定每周耐受摄入量（provisional tolerable weekly intake，PTWI）标准，规定铅的 PTWI 标准为 25 μg/kg。据 FAO/WHO 调查，目前欧洲发达国家人均每周每千克体重通过食物和饮水等摄入的铅含量约为 5 μg/kg，中国为 10.1 μg/kg，但这一数据未将喝茶考虑在内。

通过喝茶摄入铅的含量与消费者饮茶的数量、茶叶铅含量和茶叶在冲泡过程中铅的浸出率有关。在茶叶冲泡过程中铅的浸出率见表 21-2。从表中可以看出，茶叶中铅的浸出率范围为未检出～92.0%，平均为 26.4%。不同茶类间铅的浸出率有明显差异，以红茶（特别是红碎茶）

和袋泡茶的铅浸出率较高，而饼茶和沱茶较低，表明加工过程中细胞破碎率较高的茶叶铅浸出率也较高。另外，冲泡时间长、茶水比小、水温高、水的 pH 值过高或过低、冲泡次数多、茶叶总铅含量低的茶叶，铅的浸出率相对较高。

表 21-2　茶叶冲泡时铅的浸出率

茶类	样品数	范围/%	平均/%	冲泡条件
红茶、绿茶	10	5.2～27.0	17.4	茶水比 1：17，沸水，10 min
饼茶	3	痕量～4.9	2.5	茶水比 1：36，沸水，7 min
饼茶	1	4.2～9.0	7.2	茶水比 1：36，煮 5～25 min
袋泡茶	3	20.0～92.0	44.0	茶水比 1：75，沸水，5 min
绿茶	4	4.0～11.0	8.7	茶水比 1：50，沸水，30 min
乌龙茶	5	未检出	0	茶水比 1：167，沸水，45 min
红茶、绿茶	8	0～44.9	9.4	茶水比 1：40，沸水，90 min
沱茶	1	0	0	茶水比 1：40，沸水，90 min
乌龙茶	2	20.4～37.6	29.0	茶水比 1：40，沸水，90 min
红茶、绿茶、乌龙茶	8	13.9～61.3	34.0	茶水比 1：50，沸水，5 min
红茶	20	5.0～80.0	44.2	茶水比 1：25，沸水，15 min
红碎茶	5	—	26.9±17.2	茶水比 1：50，沸水，1 min
红碎茶	5	—	42.7±6.7	茶水比 1：50，沸水，5 min
工夫红茶	5	—	17.1±2.0	茶水比 1：50，沸水，1 min
工夫红茶	5	—	35.4±18.3	茶水比 1：50，沸水，5 min

如果按体重 60 kg、人均茶叶年消费量为 2.8 kg、茶叶铅的浸出率为 26.4% 计算，当茶叶铅含量达到现行国家标准 5 mg/kg 时，则通过饮茶摄入的铅为平均每周每千克体重 1.18 μg/kg，仅占 FAO/WHO 制定铅的 PTWI 标准的 4.7%；按茶叶平均铅含量 2.2 mg/kg 计算，则铅的摄入量为 0.52 μg/kg，仅占 PTWI 的 2.1%；这是非常安全的。但是，如果以调查中发现的茶叶最高铅含量 97.9 mg/kg 计算，则通过饮茶摄入的铅含量已接近 PTWI 值。由于我国 90% 以上的茶叶铅含量均符合国家标准，因此，喝茶是十分安全的。

随着茶叶深加工产品的不断开发，如茶饮料、超微茶粉、茶食品等出现，改传统冲饮为吃茶。这种消费方式虽然提高了对茶叶中有效成分的充分利用，但同时也导致部分水难溶性有害物质包括重金属铅进入人体。因此，虽未曾有因饮茶而引起铅中毒的报道，但在食品卫生监测指标中，铅含量作为茶叶卫生质量的一个重要监测内容。

三、茶叶中铅的检测

在《食品安全国家标准 食品中污染物限量》（GB 2762—2022）中规定了铅是茶叶的必检指标之一，其中，茶叶中铅的限量为 5 mg/kg。《食品安全国家标准 食品中铅的测定》（GB 5009.12—2023）介绍了茶叶中铅含量的常用前处理方法和分析检测方法。

（一）前处理方法

茶叶中铅或其他重金属含量检测常用的前处理方法有湿消化法、干灰化法、微波消解法等。

1. 湿消化法

湿消化法又称湿法消解，是在适量的茶叶样品中，加入氧化性强酸，加热破坏有机物，使待测的无机成分释放出来，形成不挥发的无机化合物，以便进行分析测定。这是目前应用比较广泛的一种样品前处理方法，其实用性强，绝大多数的食品均可以用该方法消化。

湿消化法的优势如下：

（1）前处理所用的试剂即酸都可以找到高纯度的，同时基体成分都比较简单（偶尔也会产生部分硫酸盐）。

（2）在实验过程中，只要控制好消化温度，大部分元素很少或极少损失。

湿消化法也有以下一些缺陷。

（1）该反应是氧化反应，样品氧化时间较长，需要 1 h 左右的时间（随样品的成分而定）。

（2）实验过程中一次不能消化超过 10 份样品，该方法的劳动强度比较大。

（3）样品消化时常使用的试剂（硝酸、高氯酸、过氧化氢、硫酸）都具有腐蚀性且比较危险，在用硝酸和高氯酸时产生的酸雾和烟，对通风橱的腐蚀性也很大。需要特别注意的是，用高氯酸消解样品时，应严格遵守操作规程，烧杯中的液体不能烧干，并且要保证温度达到 200 ℃时只有少量的有机成分存在，否则，高氯酸的氧化电位在此温度下会迅速升高，导致剧烈的爆炸。因此，在使用高氯酸时，最好先用硝酸氧化部分的有机物，或者加入硝酸与高氯酸的混合液浸泡一夜，同时，实验要在通风橱内进行。消化液不能蒸干，以防部分元素（如硒、铅）损失。

（4）由于氧化反应过程中加入了浓酸，这些酸可能会对仪器产生损害进而影响实验结果，因此，消解结束后需要排酸。

2. 干灰化法

干灰化法是指通过升高温度使样品中有机物质全部挥发掉，达到除去有机物质的目的。干灰化法具有操作简单、一次处理大批量样品的优点。

但是干灰化法也有其局限性：首先，由于灰化温度比较高，一般在 500 ℃左右，样品炭化时间需要 1 h 左右，灰化时间为 4～6 h，时间较长；然后，还有些样品可以与坩埚和器皿反应生成难以用酸溶解的物质如玻璃或耐熔物质等，从而导致元素的部分损失。因此，干灰化法的回收率不是很稳定，在《食品安全国家标准 食品中铅的测定》（GB 5009.12—2023）中已将其删除。

3. 微波消解法

微波消解法是指利用微波的穿透性和激活反应能力，使样品温度升高，同时采用密封装置，再加入一定量的酸溶液，达到使样品中有机物质分解的目的。

该方法的优点如下：

（1）消化时间短，微波加热是一种内加热的方式，微波可以穿入试样的内部，在试样的不同深度，微波所到之处产生热效应，这不仅使加热更快速，而且更均匀，大大缩短了加热的时间，比传统的加热方式既快速又效率高。采用微波消解系统制样，消化时间只需数十分钟，大大提高了反应速率，缩短了样品制备的时间，与此同时，微波消解还可以控制反应条件，使制样精度更高。

（2）由于微波在使样品发生内加热时，还引起酸与样品之间较大的热对流，使酸与样品充分接触，最大限度地发挥酸的作用。

（3）消化中因消解罐完全密闭，不会产生尾气泄漏，且不需要使用有毒催化剂及升温剂，减少了对环境的污染和改善了实验人员的工作环境。

（4）微波消化是在密闭容器内进行的，易挥发元素损失少，回收率高，耗酸量减少（3～5 mL），空白值大为降低，从而提高了结果的准确性，是目前为止应用最广泛的一种样品前处理方法。

但是微波消解法也有缺陷：首先，样品取样量很小，一般固体样品小于 1 g；然后，样品消解前必须进行预处理（放置过夜或低温处理等），处理完的消解液须赶除液体中的剩余酸和氮氧化物（湿法消化法也需要）等。值得注意的是，由于使用的是微波加热，实验过程中要防止微波的泄漏，需要特别掌握消解样品的种类和称样量之间的关系，严格控制反应条件，防止消解罐因为压力过大而变形，造成安全隐患。

（二）分析检测方法

茶叶中铅常用的检测方法有二硫腙比色法、原子吸收光谱法、原子荧光法、电感耦合等离子体质谱法等。

1. 二硫腙比色法

茶叶样品经消解后，在 pH＝8.5～9.0 时，铅离子与双硫腙生成红色络合物，溶于三氯甲烷，加入柠檬酸铵、氰化钾和盐酸羟胺等，防止铁、铜、锌等离子干扰，于 510 nm 处与标准系列比较定量。

二硫腙比色法是目前常用于测定铅含量的一种传统测定方法，不需要昂贵的仪器，并且具有较高的灵敏度，但由于其操作复杂，操作不当容易导致实验失败。科研工作者经过不断改良，对分液漏斗进行了再设计，解决了常规的脱铅不彻底、不均衡等问题，使实验的精度和实验的成功率得到了明显的改善。目前，在检测铅含量时，通常是用鸡心瓶替代分液漏斗，这样可以安全保存，在检查过程中，不会有液体外泄，而且准确率很高。

2. 原子吸收光谱法

原子吸收光谱法是基于从光源辐射出被测元素的基态原子的特征谱线，通过样品蒸气时，被蒸气中待测元素基态原子吸收，谱线的吸收与原子蒸气的浓度遵守朗伯-比尔定律，由特征谱线减弱程度来判断待测元素的含量，具体分为火焰原子吸收光谱法和石墨炉原子吸收光谱法。

（1）火焰原子吸收光谱法是利用在某一特定浓度下，铅的吸光度与铅的含量呈正相关关系，进而测定铅的含量。该方法适合连续的测定，方法灵敏、准确，仪器操作相对简单，火焰检测质量稳定，重现性高。但需要注意的是，实验中需要使用乙炔等易燃、易爆气体，须特别注意实验安全。

（2）石墨炉原子吸收光谱法被广泛应用于食品中各种重金属含量的测定，包括铅、钙、锌、铁和钠等 40 多种元素。在一定浓度范围内，样品吸光度与铅的含量值成正比，检测铅标准品的吸光度，并与之对比可得到样品中的铅含量。

石墨炉原子吸收光谱法是一种单一元素分析法，具有灵敏度高、检出限低等优势，是一种主要的重金属检测方法。该方法准确度高，适合进行精密检测，但是石墨炉实验仪器分析费用高。含盐分较高样品中的铅，采用磷酸二氢铵溶液＋硝酸溶液＋抗坏血酸溶液做基体改进剂，升高反应温度，能提升检测效率，减少检测元素的损失，但石墨管容易受到样品残留的污染引起记忆效应，而采用空烧方法排除记忆效应又会缩短石墨管的寿命。

3. 原子荧光法

原子荧光法是在酸性条件下，铅与硼氢化钾反应生成挥发性的 PbH_4，进入原子化器，然后通过空心阴极灯的照射，铅原子激发至高能态，瞬间又回到基态，发射出特征波长的荧光，其荧光强度与铅含量成正比。该方法的检出限低，线性良好。PbH_4 中间产物的生成对于检测起决定性作用，溶液 pH 值影响铅含量的测定。

4. 电感耦合等离子体质谱法

电感耦合等离子体质谱法是将被测物质用电感耦合等离子体离子化后，按离子的质荷比分离，测量各种离子谱峰强度的一种分析方法。等离子体是由自由电子、离子和中性原子或分子组成，总体上呈电中性的气体，其内部温度高达数千摄氏度。样品通过雾化器雾化后由载气携带从等离子体焰炬中央穿过，迅速被蒸发电离并通过离子引出接口或采样锥导入质量分析器，样品在极高温度下完全蒸发和解离，对绝大多数元素均有较高的检测灵敏度，可一次测定数个甚至数十个元素成分的含量，但仪器设备价格较高。

本任务重点介绍原子吸收光谱法测定茶叶中的铅。

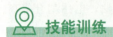 技能训练

训练任务一　火焰原子吸收光谱法测定茶叶中的铅

试样经处理后，铅离子在一定 pH 值条件下与二乙基二硫代氨基甲酸钠（DDTC）形成络合物，经 4-甲基-2-戊酮（MIBK）萃取分离，导入原子吸收光谱仪，经火焰原子化，在 283.3 nm 处测定的吸光度。在一定浓度范围内铅的吸光度与铅含量成正比，与标准系列比较定量。

一、材料、设备与试剂

（一）材料

按本书"任务二　取样与磨碎试样的制备"要求准备的茶叶试样。

（二）设备

（1）分析天平：感量为 0.001 g、0.000 1 g。

（2）可调式电热炉、可调式电热板。

（3）原子吸收光谱仪：配火焰原子化器，附铅空心阴极灯。

（三）试剂

（1）4-甲基-2-戊酮（MIBK）。

（2）硝酸（HNO_3）溶液（5+95）：量取 50 mL 硝酸，加入 950 mL 水中，混匀。

（3）硝酸（HNO_3）溶液（1+9）：量取 50 mL 硝酸，加入 450 mL 水中，混匀。

（4）硫酸铵 [$(NH_4)_2SO_4$] 溶液（300 g/L）：称取 30 g 硫酸铵，用水溶解并稀释至 100 mL，混匀。

（5）柠檬酸铵 [$C_6H_5O_7(NH_4)_3$] 溶液（250 g/L）：称取 25 g 柠檬酸铵，用水溶解并稀释至 100 mL，混匀。

（6）溴百里酚蓝（$C_{27}H_{28}O_5SBr_2$）水溶液（1 g/L）：称取 0.1 g 溴百里酚蓝，用水溶解并稀释至 100 mL，混匀。

（7）二乙基二硫代氨基甲酸钠 [DDTC，$(C_2H_5)_2NCSSNa \cdot 3H_2O$] 溶液（1.0 g/L）：称取 1.0 g DDTC，用水溶解并稀释至 1 000 mL，混匀。

（8）氨水溶液（1+1）：吸取 100 mL 氨水，加入 100 mL 水，混匀。

（9）盐酸溶液（1+11）：吸取 10 mL 盐酸，加入 110 mL 水，混匀。

（10）标准品：硝酸铅 [$Pb(NO_3)_2$，CAS 号：10099-74-8]，纯度≥99.99%，或经国家认证并授予标准物质证书的一定浓度的铅标准溶液。

（11）标准溶液配制：

1）铅标准储备液（1 000 mg/L）：准确称取 1.598 5 g（精确至 0.000 1 g）硝酸铅，用少量硝酸溶液（1＋9）溶解，移入 1 000 mL 容量瓶中，加水至刻度，混匀。

2）铅标准使用液（1.0 mg/L）：准确吸取铅标准储备液（1 000 mg/L）1.00 mL 于 1 000 mL 容量瓶中，加入硝酸溶液（5＋95）至刻度，混匀。

二、操作步骤

（一）样品前处理（湿法消解）

称取茶叶样品 2.0 g（精确至 0.001 g）于带刻度消化管中，加入 10 mL 硝酸和 0.5 mL 高氯酸，在可调式电热炉上消解［参考条件：120 ℃/（0.5～1 h）；升至 180 ℃/（2～4 h），升至 200～220 ℃］。若消化液呈棕褐色，再加入少量硝酸，消解至冒白烟，消化液呈无色透明或略带黄色。取出消化管，冷却后用水定容至 10 mL，混匀备用。同时，做试剂空白实验。也可采用锥形瓶，于可调式电热板上，按上述操作方法进行湿法消解。

（二）测定

1. 仪器参考条件

根据各自仪器性能调至最佳状态，参考条件见表 21-3。

表 21-3　火焰原子吸收光谱法仪器参考条件

元素	波长 /nm	狭缝 /nm	灯电流 /mA	燃烧头高度 /mm	空气流量 /(L·min⁻¹)
铅	283.3	0.5	8～12	6	8

2. 标准曲线的制作

分别吸取铅标准使用液 0、2.50、5.00、10.0、15.0 和 20.0（mL）　［相当于 0、2.50、5.00、10.0、15.0 和 20.0（μg）铅］于 125 mL 分液漏斗中，补加水至 60 mL。加入柠檬酸铵溶液 2 mL，溴百里酚蓝水溶液 3～5 滴，用氨水（1＋1）溶液调 pH 值至溶液由黄变蓝，加入硫酸铵溶液（300 g/L）10 mL、DDTC 溶液（1.0 g/L）10 mL，摇匀。放置 5 min 左右，加入 MIBK10 mL，剧烈振摇提取 1 min，静置分层后，弃去水层，将 MIBK 层放入 10 mL 带塞刻度管，得到标准系列溶液。

将标准系列溶液按质量由低到高的顺序，分别导入火焰原子化器，原子化后测其吸光度，以铅的质量为横坐标、吸光度为纵坐标，制作标准曲线。

3. 试样溶液的测定

将试样消化液及试剂空白溶液分别置于 125 mL 分液漏斗中，补加水至 60 mL。加入柠檬酸铵溶液 2 mL，溴百里酚蓝水溶液 3～5 滴，用氨水（1＋1）溶液调 pH 值至溶液由黄变蓝，加入硫酸铵溶液（300 g/L）10 mL、DDTC 溶液（1.0 g/L）10 mL，摇匀。放置 5 min 左右，加入 MIBK10 mL，剧烈振摇提取 1 min，静置分层后，弃去水层，将 MIBK 层放入 10 mL 带塞刻度管，得到试样溶液和空白溶液。

将试样溶液和空白溶液分别导入火焰原子化器，原子化后测其吸光度，与标准系列比较定量。

三、结果计算

(一)计算方法

试样中铅的含量按下式计算：

$$X = \frac{m_1 - m_0}{m_2}$$

式中 X——试样中铅的含量，单位为毫克每千克（mg/kg）；

m_1——试样溶液中铅的质量，单位为微克（μg）；

m_0——空白溶液中铅的质量，单位为微克（μg）；

m_2——称取试样质量，单位为克（g）。

当铅含量≥10.0 mg/kg时，计算结果保留三位有效数字；当铅含量<10.0 mg/kg时，计算结果保留两位有效数字。

(二)重复性

在重复性条件下获得的两次独立测定结果的绝对差值不得超过算术平均值的20%。

四、结果记录

将实验相关数据填入表21-4中。

表21-4 火焰原子吸收光谱法测定茶叶中的铅含量记录表

日期：　　　　　　　　　　　　　　　　　　　　　　　　操作人：

主要仪器信息	火焰原子吸收分光光度计型号					
	分析天平型号					
项目	重复1			重复2		
试样质量 m_2/g						
样品测试液吸光度 A						
试样溶液中铅的质量 m_1/μg						
空白溶液吸光度 A_0						
空白溶液中铅的质量 m_0/μg						
标准曲线						
标准溶液中铅的质量 m/μg	0	2.50	5.00	10.0	15.0	20.0
标准溶液吸光度 A						
标准曲线						
相关系数 r						
样品中铅含量/(mg·kg^{-1})						
平均值/(mg·kg^{-1})						

训练任务二　石墨炉原子吸收光谱法测定茶叶中的铅

试样消解处理后，经石墨炉原子化，在283.3 nm处测定吸光度。在一定浓度范围内铅的吸光度与铅含量成正比，与标准系列比较定量。

一、材料、设备与试剂

（一）材料

按本书"任务二　取样与磨碎试样的制备"要求准备的茶叶试样。

（二）设备

（1）分析天平：感量为 0.001 g、0.000 1 g。

（2）可调式电热炉、可调式电热板。

（3）原子吸收光谱仪：配石墨炉原子化器，附铅空心阴极灯。

（4）微波消解系统：配聚四氟乙烯消解内罐。

（三）试剂

（1）硝酸（HNO_3）溶液（5＋95）：量取 50 mL 硝酸，缓慢加入 950 mL 水中，混匀。

（2）硝酸（HNO_3）溶液（1＋9）：量取 50 mL 硝酸，缓慢加入 450 mL 水中，混匀。

（3）磷酸二氢铵（$NH_4H_2PO_4$）-硝酸钯 [$Pd(NO_3)_2$] 溶液：称取 0.02 g 硝酸钯，加少量硝酸溶液（1＋9）溶解后，再加入 2 g 磷酸二氢铵，溶解后用硝酸溶液（5＋95）定容至 100 mL，混匀。

（4）标准品：硝酸铅 [$Pb(NO_3)_2$，CAS 号：10099-74-8]，纯度≥99.99％，或经国家认证并授予标准物质证书的一定浓度的铅标准溶液。

（5）标准溶液配制。

1）铅标准储备液（1 000 mg/L）：准确称取 1.598 5 g（精确至 0.000 1 g）硝酸铅，用少量硝酸溶液（1＋9）溶解，移入 1 000 mL 容量瓶中，加水至刻度，混匀。

2）铅标准中间液（1.00 mg/L）：准确吸取铅标准储备液（1 000 mg/L）1.00 mL 于 1 000 mL 容量瓶中，加入硝酸溶液（5＋95）至刻度，混匀。

3）铅标准系列溶液：分别吸取铅标准中间液（1.00 mg/L）0、0.50、1.00、2.00、3.00 和 4.00（mL）于 100 mL 容量瓶中，加入硝酸溶液（5＋95）至刻度，混匀。此铅标准系列溶液的质量浓度分别为 0、5.0、10.0、20.0、30.0 和 40.0（μg/L）。

二、操作步骤

（一）样品前处理（微波消解）

称取茶叶试样 0.2 g（精确至 0.001 g）于微波消解罐中，加入 5 mL 硝酸，按照微波消解的操作步骤消解试样，消解条件见表 21-5。冷却后取出消解罐，在电热板上于 140～160 ℃赶酸至 1 mL 左右。消解罐放冷后，将消化液转移至 10 mL 容量瓶中，用少量水洗涤消解罐 2～3 次，合并洗涤液于容量瓶中并用水定容至刻度，混匀备用。同时，做试剂空白实验。

表 21-5　微波消解升温程序

步骤	设定温度 /℃	升温时间 /min	恒温时间 /min
1	120	5	5
2	160	5	10
3	180	5	10

（二）测定

1. 仪器参考条件

根据各自仪器性能调至最佳状态，详见参考条件（表21-6）。

表21-6 石墨炉原子吸收光谱法仪器参考条件

元素	波长/nm	狭缝/nm	灯电流/mA	干燥	灰化	原子化
铅	283.3	0.5	8～12	85～120 ℃/(40～50 s)	750 ℃/(20～30 s)	2 300 ℃/(4～5 s)

2. 标准曲线的制作

按质量浓度由低到高的顺序分别将 10 μL 铅标准系列溶液和 5 μL 磷酸二氢铵-硝酸钯溶液（可根据所使用的仪器确定最佳进样量）同时注入石墨炉，原子化后测其吸光度，以质量浓度为横坐标、吸光度为纵坐标，制作标准曲线。

3. 试样溶液的测定

在与测定标准溶液相同的实验条件下，将 10 μL 空白溶液或试样溶液与 5 μL 磷酸二氢铵-硝酸钯溶液（可根据所使用的仪器确定最佳进样量）同时注入石墨炉，原子化后测其吸光度，与标准系列比较定量。

三、结果计算

（一）计算方法

试样中铅的含量按下式计算：

$$X = \frac{(\rho - \rho_0) \times V}{m \times 1\ 000}$$

式中　X——试样中铅的含量，单位为毫克每千克（mg/kg）；

　　　ρ——试样溶液中铅的质量浓度，单位为微克每升（μg/L）；

　　　ρ_0——空白溶液中铅的质量浓度，单位为微克每升（μg/L）；

　　　m——称取试样质量，单位为克（g）；

　　　V——试样消化液的定容体积，单位为毫升（mL）；

　　　1 000——换算系数。

当铅含量≥1.00 mg/kg 时，计算结果保留三位有效数字；当铅含量＜1.00 mg/kg 时，计算结果保留两位有效数字。

（二）重复性

在重复性条件下获得的两次独立测定结果的绝对差值不得超过算术平均值的20%。

四、结果记录

将实验相关数据填入表21-7中。

表 21-7　石墨炉原子吸收光谱法测定茶叶中的铅含量记录表

日期：　　　　　　　　　　　　　　　　　　　　　　　　　　　　　　　　　　操作人：

主要仪器信息	石墨炉原子吸收分光光度计型号					
	分析天平型号					
	微波消解仪型号					
项目	重复 1			重复 2		
试样质量 m/g						
试样消化液的定容体积 V/mL						
试样测试液吸光度 A						
试样溶液中铅的质量浓度 ρ/($\mu g \cdot L^{-1}$)						
空白溶液吸光度 A_0						
空白溶液中铅的质量浓度 ρ_0/($\mu g \cdot L^{-1}$)						
标准曲线						
标准溶液中铅的质量浓度/($\mu g \cdot L^{-1}$)	0	5.00	10.0	20.0	30.0	40.0
标准溶液吸光度 A						
标准曲线						
相关系数 r						
试样中铅含量/($mg \cdot kg^{-1}$)						
平均值/($mg \cdot kg^{-1}$)						

注意事项

（1）所有玻璃器皿均需硝酸（1＋5）浸泡过夜，用自来水反复冲洗，最后用水冲洗干净；实验中所有的试剂须为优级纯以上等级。

（2）在操作过程中，应戴好口罩、手套，穿好实验服，做好个人防护。消解应在通风橱内进行。湿法消解中若消化液呈棕褐色，可加入少量硝酸继续消解，直至待测物完全消解（冒白烟，消化液呈无色透明或略带黄色）。

（3）消化液澄清透明后，一般需要进行赶酸处理，防止酸浓度过高对石墨炉造成影响。应注意赶酸时不能蒸干，以防测定元素的损失。此外，消解时应注意避免污染，以防空白过高影响实验结果。

（4）使用火焰原子光谱仪时，需要特别注意安全，打开燃气时需要按照规程进行操作（以普析 TAS9990 火焰型原子吸收光谱仪为例）：打开空压机，观察空压机压力是否达到 0.25 MPa；打开乙炔，调节分表压力为 0.05 MPa；用发泡剂检查各个连接处是否漏气；按点火按键，观察火焰是否点燃；如果第一次没有点燃，请等 5～10 s 再重新点火。

（5）石墨炉原子吸收光谱法测定铅含量时，背景吸收严重，原子化时非原子吸收信号极强而难以得到铅的吸收信号，从而影响测定结果。因此，需要选择合适的基体改进剂，实验中常用的基体改进剂有磷酸二氢铵和硝酸钯。同时，应该确认石墨管使用次数，如果次数不够，应及时更换石墨管。

任务二十二　茶叶中硒含量的测定

 学习目标

　　理解硒的基本性质和茶叶中硒的特点；掌握茶叶中硒含量测定的原理及方法；熟悉氢化物原子荧光光谱仪的使用，可应用氢化物原子荧光光谱法测定茶叶中的硒含量；应用《食品安全国家标准　食品中硒的测定》（GB 5009.93—2017）第一法测定茶叶中的微量硒元素，培养标准化操作意识，并养成遵守实验室规定、维护环境安全和爱护精密仪器的良好意识。

知识准备

一、硒的概述

　　1935 年，我国黑龙江省克山县发现一种地方性心肌病，且发病率极高，命名为克山病，经过大量研究和探索，最终发现这种疾病是由缺硒引起的。硒是一种非金属化学元素，在化学元素周期表中原子序数为 34，化学符号为 Se，在地壳中的平均含量为 0.05 mg/kg，我国岩石中硒的平均含量为 0.073 mg/kg。1973 年，世界卫生组织将硒列为人类和动物生命中必不可少的微量元素，说明硒对人体是非常重要的一种元素。研究发现，适量硒具有增强机体免疫功能的作用，缺硒会引起各种不同程度的疾病。中国营养学会于 1988 年将硒列入每日膳食营养元素。近年来的研究还表明，硒具有保护心肌健康、抗氧化、防衰老、增强人体免疫力、增强生殖能力、可重金属解毒，以及防癌、抗癌、治癌等功能，硒的医疗和保健作用越来越得到广泛的实践和应用。因而，对食品中硒含量进行检测具有重要意义。

二、茶叶与硒

　　食物是人体硒元素的主要来源，通过植物生产将土壤硒转化为食物硒，因此，提高食物链硒水平是预防硒缺乏和调控硒营养的有效途径。植物富硒能力主要取决于植物的遗传基因，不同植物种类和同类植物不同器官呈现较大差异，大部分栽培植物和禾本科植物的硒含量一般小于 1 μg/g。

　　富硒作物可通过富集和转化作用，把非生物活性和毒性高的无机硒转化为安全有效、毒性低的有机硒，而茶树正是这样一种富集硒元素能力很强的植物。我国的茶叶绝大多数含有硒，其含量为 0.017～6.590 mg/kg，较玉米、白菜、生菜、大米、小麦等农产品高得多，而且茶树的利用部位——叶片是硒积累的主要器官。因此，茶叶可以作为人体硒摄入的重要途径，是理想的天然硒源。中华人民共和国农业部（现农业农村部）于 2002 年正式颁布中国富硒茶行业标准，设定富硒茶含硒量为 0.25～4.00 mg/kg〔《富硒茶》（NY/T 600—2002）〕。开发富硒茶能够很好地为人体提供优质的硒源。

三、硒的测定

茶叶中硒的测定方法有很多，包括紫外分光光度法、荧光分光光度法、原子吸收光谱法、离子色谱法、氢化物原子荧光光谱法等。其中，用氢化物原子荧光光谱法测定茶叶中的硒含量，具有简便、快速，准确度、灵敏度、精密度好，线性范围宽，所用试剂毒性小，实用性强的优点。本任务参考《食品安全国家标准 食品中硒的测定》（GB 5009.93—2017）第一法测定茶叶中的微量硒元素。

 技能训练

训练任务　氢化物原子荧光光谱法测定茶叶中的硒

茶叶试样经酸加热消化后，在 6 mol/L 盐酸介质中，将试样中的六价硒还原成四价硒，用硼氢化钠或硼氢化钾做还原剂，将四价硒在盐酸介质中还原成硒化氢，由载气（氩气）带入原子化器中进行原子化，在硒空心阴极灯照射下，基态硒原子被激发至高能态，在去活化回到基态时，发射出特征波长的荧光，其荧光强度与硒含量成正比，与标准系列比较定量。

一、材料、设备与试剂

（一）材料

按本书"任务二　取样与磨碎试样的制备"要求准备的茶叶试样。

（二）设备

（1）分析天平：感量为 0.001 g。

（2）可调式电热炉、可调式电热板。

（3）微波消解系统：配聚四氟乙烯消解内罐。

（4）原子荧光光谱仪：配硒空心阴极灯。

（三）试剂

（1）硝酸（HNO_3）。

（2）氢氧化钠（NaOH）溶液（5 g/L）：称取 5 g 氢氧化钠，溶于 1 000 mL 水中，混匀。

（3）硼氢化钠（$NaBH_4$）碱溶液（8 g/L）：称取 8 g 硼氢化钠，溶于氢氧化钠溶液（5 g/L）中，混匀。现配现用。

（4）盐酸溶液（6 mol/L）：量取 50 mL 盐酸，缓慢加入 40 mL 水中，冷却后用水定容至 100 mL。

（5）铁氰化钾［$K_3Fe(CN)_6$］溶液（100 g/L）：称取 10 g 铁氰化钾，溶于 100 mL 水中，混匀。

（6）盐酸溶液（5+95）：量取 25 mL 盐酸，缓慢加入 475 mL 水中，混匀。

（7）过氧化氢（H_2O_2）。

（8）标准品：硒标准溶液 1 000 mg/L，或经国家认证并授予标准物质证书的一定浓度的硒标准溶液。

（9）标准溶液配制。

1）硒标准中间液（100 mg/L）：准确吸取 1.00 mL 硒标准溶液（1 000 mg/L）于 10 mL 容量瓶中，加入盐酸溶液（5＋95）定容至刻度，混匀。

2）硒标准使用液（1.00 mg/L）：准确吸取硒标准中间液（100 mg/L）1.00 mL 于 100 mL 容量瓶中，用盐酸溶液（5＋95）定容至刻度，混匀。

3）硒标准系列溶液：分别准确吸取硒标准使用液（1.00 mg/L）0、0.50、1.00、2.00 和 3.00（mL）于 100 mL 容量瓶中，加入铁氰化钾溶液（100 g/L）10 mL，用盐酸溶液（5＋95）定容至刻度，混匀待测。此硒标准系列溶液的质量浓度分别为 0、5.0、10.0、20.0 和 30.0（μg/L）。

二、操作步骤

（一）样品前处理

称取茶叶试样 0.2～0.8 g（精确至 0.001 g）于消化管中，加入 10 mL 硝酸、2 mL 过氧化氢，振摇混合均匀，于微波消解仪中消化。消解条件参考表 22-1。消解结束待冷却后，将消化液转入锥形烧瓶中，加几粒玻璃珠，在可调式电热板上继续加热至近干，切不可蒸干。再加入 5 mL 盐酸溶液（6 mol/L），继续加热至溶液变为清亮无色并伴有白烟出现，冷却，转移至 10 mL 容量瓶中，加入 2.5 mL 铁氰化钾溶液（100 g/L），用水定容，混匀待测。同时，做试剂空白实验。

表 22-1　微波消解升温程序

步骤	设定温度 /℃	升温时间 /min	恒温时间 /min
1	120	6	1
2	150	3	5
3	200	5	10

（二）测定

1. 仪器参考条件

根据各自仪器性能调至最佳状态。参考条件：负高压 340 V；灯电流 100 mA；原子化温度 800 ℃；炉高 8 mm；载气流速 500 mL/min；屏蔽气流速 1 000 mL/min；测量方式标准曲线法；读数方式峰面积；延迟时间 1 s；读数时间 15 s；加液时间 8 s；进样体积 2 mL。

2. 标准曲线的制作

以盐酸溶液（5＋95）为载流，硼氢化钠碱溶液（8 g/L）为还原剂，连续用标准系列的零管进样，待读数稳定之后，将硒标准系列溶液按质量浓度由低到高的顺序分别导入仪器，测定其荧光强度，以质量浓度为横坐标、荧光强度为纵坐标，制作标准曲线。

3. 试样测定

在与测定标准系列溶液相同的实验条件下，将空白溶液和试样溶液分别导入仪器，测其荧光值强度，与标准系列比较定量。

三、结果计算

（一）计算方法

试样中的硒含量按下式计算：

$$X = \frac{(\rho - \rho_0) \times V}{m \times 1\,000}$$

式中　X——试样中的硒含量，单位为毫克每千克（mg/kg）；

ρ——试样溶液中硒的质量浓度，单位为微克每升（μg/L）；

ρ_0——空白溶液中硒的质量浓度，单位为微克每升（μg/L）；

m——称取试样质量，单位为克（g）；

1 000——换算系数。

当硒含量≥1.00 mg/kg 时，计算结果保留三位有效数字；当硒含量<1.00 mg/kg 时，计算结果保留两位有效数字。

（二）重复性

在重复性条件下获得的两次独立测定结果的绝对差值不得超过算术平均值的20%。

四、结果记录

将实验相关数据填入表22-2中。

表 22-2　氢化物原子荧光光谱法测定茶叶中的硒含量记录表

日期：　　　　　　　　　　　　　　　　　　　　　　　　　　　　　　操作人：

主要仪器信息	氢化物原子荧光光谱仪型号				
	分析天平型号				
	微波消解仪型号				
项目	**重复 1**		**重复 2**		
试样质量 m/g					
试样测试液荧光强度 A					
试样溶液中硒的质量浓度 ρ/（μg·L^{-1}）					
空白溶液吸光度 A_0					
空白溶液中硒的质量浓度 ρ/（μg·L^{-1}）					
标准曲线					
标准溶液中硒的质量浓度/（μg·L^{-1}）	0	5.00	10.0	20.0	30.0
标准溶液荧光强度 A					
标准曲线					
相关系数 r					
试样中硒含量/（mg·kg^{-1}）					
平均值/（mg·kg^{-1}）					

注意事项

（1）所有玻璃器皿及聚四氟乙烯消解内罐均需用硝酸溶液（1+5）浸泡过夜，用自来水反复冲洗，最后用水冲洗干净。实验中所有的试剂须为优级纯以上等级。

（2）在操作过程中，应戴好口罩、手套，穿实验服，做好个人防护。消解应在通风橱内进行。消化液澄清透明后，需进行赶酸处理。应注意赶酸时不能蒸干，以防测定元素的损失。

项目六　茶叶中农药残留检测

项目提要

在茶树生长中使用农药可以提高茶叶产量，但农药对生态环境和人类健康造成不良影响，所以，必须加强茶叶中农药残留的检测。

农药残留（pesticide residue）是指由于农药的使用而残存于生物体、食品、农副产品、饲料和环境中的农药母体，及其具有毒理学意义的代谢物、转化产物、反应物和杂质的总称。最大残留限量（maximum residue limits，MRL）是指农药在某农产品、食品、饲料中的最高法定允许残留浓度。

我国是世界上最大的茶叶种植国，每年茶叶出口量达 30 余万吨。在食品安全事件频频发生的今天，茶叶安全问题尤其是农药残留问题备受关注。近年来，茶叶中农药残留超标已成为影响我国茶叶出口的主要技术性贸易壁垒，这对我国出口贸易造成了极大影响。因此，开展茶叶中农药残留的检测十分必要。本项目共设计 3 个任务，开展茶叶中有机磷与有机氯农药残留的测定，为学生今后从事茶叶农药残留分析奠定基础。

任务二十三　茶叶中有机磷农药残留含量的测定

学习目标

了解气相色谱的基本构造、定性定量分析原理，了解有机磷农药残留量的检验依据，了解茶叶有机磷农药残留含量测定的实验原理，了解不同有机磷农药的最大残留限量；掌握有机磷农药残留含量样品前处理、气相色谱操作、规范记录数据、正确处理分析数据等技能，学会检索不同有机磷农药最大残留限量，严格依照相关标准判定原则得出检验结论；培养良好的实验习惯，尊重事实和证据，养成遵守实验室规定、维护环境安全和爱护精密仪器的良好意识。

 **知识准备**

一、农药概述

农药是指用于预防、消灭或控制危害农业、林业的病、虫、草和其他有害生物，以及有目的地调节植物、昆虫生长的化学合成，或者源于生物、其他天然物质的一种物质或几种物质的混合物及其制剂。其包括用于不同目的、场所的以下各类：

（1）预防、消灭或控制危害农业、林业的病、虫（包括昆虫、蜱、螨）、草、鼠、软体动物等有害生物的。

（2）预防、消灭或控制仓储病、虫、鼠和其他有害生物的。

（3）调节植物、昆虫生长的。

（4）用于农业、林业产品防腐或保鲜的。

（5）预防、消灭或控制蚊、蝇、蜚蠊（俗称蟑螂）、鼠和其他有害生物的。

（6）预防、消灭或控制危害河流堤坝、铁路、机场、建筑物和其他场所的有害生物的。

农药按照用途，可分为杀虫剂（杀螨剂、杀软体动物剂、卫生用农药、杀线虫剂等）、杀菌剂（防腐剂、防霉剂等）、除草剂（长残留性除草剂、灭生性除草剂等）、植物生长调节剂（脱叶剂等）、杀鼠剂、驱避剂、引诱剂、不育剂和拒食剂等。

农药按照来源，可分为化学农药、生物源农药〔微生物农药（细菌农药、真菌农药、病毒农药、原生动物农药等）、农用抗生素等〕、植物源农药、矿物源农药、生物化学农药（信息素、激素、天然植物生长调节剂、天然昆虫生长调节剂、蛋白质农药、寡聚糖类农药）、转基因生物、天敌生物等。

农药按照化学结构，可分为无机化学农药和有机化学农药。目前，无机化学农药品种很少，分为铜制剂（硫酸铜、波尔多液等）、硫制剂（硫黄、石硫合剂等）等；而有机化学农药的类别较多，可分为有机磷类、有机氯类、拟除虫菊酯类、氨基甲酸酯类、苯并咪唑类、苯甲酰脲类、苯酰胺类、苯氧羧酸类、吡啶类、吡咯类、吡唑类、二硫代氨基甲酸酯（盐）类、二缩甲酰亚胺类、二硝基苯胺类、磺酰脲类、三嗪类、沙蚕毒素类、双酰肼类、烟碱类、（有机）杂环类等。

《农药管理条例》规定，农药生产应取得农药登记证和生产许可证，农药经营应取得经营许可证，农药使用应按照标签规定的使用范围、安全间隔期用药，不得超范围用药。剧毒、高毒农药不得用于防治卫生害虫，不得用于蔬菜、瓜果、茶叶、菌类、中草药材的生产，不得用于水生植物的病虫害防治。

1. 目前我国禁止（停止）使用的农药（50 种）

六六六、滴滴涕、毒杀芬、二溴氯丙烷、杀虫脒、二溴乙烷、除草醚、艾氏剂、狄氏剂、汞制剂、砷类、铅类、敌枯双、氟乙酰胺、甘氟、毒鼠强、氟乙酸钠、毒鼠硅、甲胺磷、对硫磷、甲基对硫磷、久效磷、磷胺、苯线磷、地虫硫磷、甲基硫环磷、磷化钙、磷化镁、磷化锌、硫线磷、蝇毒磷、治螟磷、特丁硫磷、氯磺隆、胺苯磺隆、甲磺隆、福美胂、福美甲胂、三氯杀螨醇、林丹、硫丹、溴甲烷、氟虫胺、杀扑磷、百草枯、2,4-滴丁酯、甲拌磷、甲基异柳磷、水胺硫磷、灭线磷（注：2,4-滴丁酯自 2023 年 1 月 23 日起禁止使用；溴甲烷可用于"检疫熏蒸处理"；杀扑磷已无制剂登记；甲拌磷、甲基异柳磷、水胺硫磷、灭线磷自 2024 年 9 月 1日起禁止销售和使用）。

2. 目前我国在部分范围禁止使用的农药（20 种）

目前我国在部分范围禁止使用的农药见表 23-1。

表 23-1　目前我国在部分范围禁止使用的农药

通用名	禁止使用范围
甲拌磷、甲基异柳磷、克百威、水胺硫磷、氧乐果、灭多威、涕灭威、灭线磷	禁止在蔬菜、瓜果、茶叶、菌类、中草药材上使用，禁止用于防治卫生害虫，禁止用于水生植物的病虫害防治
甲拌磷、甲基异柳磷、克百威	禁止在甘蔗作物上使用
内吸磷、硫环磷、氯唑磷	禁止在蔬菜、瓜果、茶叶、中草药材上使用
乙酰甲胺磷、丁硫克百威、乐果	禁止在蔬菜、瓜果、茶叶、菌类和中草药材上使用
毒死蜱、三唑磷	禁止在蔬菜上使用
丁酰肼（比久）	禁止在花生上使用
氰戊菊酯	禁止在茶叶上使用
氟虫腈	禁止在所有农作物上使用（玉米等部分旱田种子包衣除外）
氟苯虫酰胺	禁止在水稻上使用

二、农药残留概述

依据《市场监管总局关于 2021 年市场监管部门食品安全监督抽检情况的通告》（2022 年第 15 号），2021 年市场监管部门共完成茶叶及相关制品安全监督抽检 72 689 批次，依据有关食品安全国家标准等进行检验，发现不合格样品 534 批次，监督抽检合格率达 99.27%。查询国内抽检数据发现，2021 年茶叶不合格样品 141 批次，其中，农药残留超标样品占比 84.40%；标签不符合标准要求样品占比 16.31%，质量（理化）指标不达标样品占比 1.42%，重金属等污染样品占比 2.13%。农药残留超标样品批次中，水胺硫磷、草甘膦、氧乐果、乙酰甲胺磷等有机磷类农药残留超标样品高达 74.79%。

三、有机磷类农药残留检验方法

有机磷类农药是一类用于防治植物病虫害、含有磷原子的有机酯类化合物的总称，具有高效、广谱、易降解的特性，而且价格低，因而在茶树的种植中广泛使用。但部分有机磷是高毒农药，进入机体会使组织中的乙酰胆碱累积，导致中枢神经系统及胆碱能神经功能异常，严重者会出现脑瘫甚至死亡。

有机磷类农药残留量的检测方法分为气相色谱法（GC）、气相色谱质谱（GC－MS）联用法、液相色谱质谱（LC－MS）联用法等。此外，可采用酶抑制率法、酶联免疫法、胶体金免疫层析法、薄层色谱法等快速检测有机磷类农药残留量。

相比于气相色谱法，气相色谱质谱联用法、液相色谱质谱联用法具有灵敏度高、检出限低、选择性好等优点。但是，气相色谱质谱联用仪、液相色谱质谱联用仪价格高、操作要求高。因此，依据《食品安全国家标准 植物源性食品中 90 种有机磷类农药及其代谢物残留量的测定 气相色谱法》（GB 23200.116—2019），以甲基异柳磷、乐果、乙酰甲胺磷、杀扑磷、巴毒磷、速灭磷等为例，侧重介绍气相色谱法检测茶叶中有机磷类农药残留量：试样用乙腈提取，提取液经固相萃取或分散固相萃取净化，使用带火焰光度检测器的气相色谱仪检测，根据色谱峰的保留时间定性，外标法定量。

技能训练

训练任务　气相色谱法测定茶叶中有机磷农药残留

一、材料与设备

1. 材料

（1）茶叶试样：按本书"任务二　取样与磨碎试样的制备"要求准备的试样。

（2）乙腈（分子式：CH_3CN，CAS 号：75-05-8）：色谱纯（HPLC）。

（3）丙酮（分子式：C_3H_6O，CAS 号：67-64-1）：色谱纯（HPLC）。

（4）甲苯（分子式：C_7H_8，CAS 号：108-88-3）：色谱纯（HPLC）。

（5）无水硫酸镁（分子式：$MgSO_4$，CAS 号：7487-88-9）：分析纯（AR）。

（6）氯化钠（分子式：NaCl，CAS 号：7647-14-5）：分析纯（AR）。

（7）乙酸钠（分子式：CH_3COONa，CAS 号：127-09-3）：分析纯（AR）。

（8）乙腈-甲苯溶液（3+1，体积比）：量取 100 mL 甲苯加入 300 mL 乙腈，混匀。

（9）乙酰甲胺磷（分子式：$C_4H_{10}NO_3PS$，CAS 号：30560-19-1）：GBW（E）081418，丙酮中乙酰甲胺磷溶液标准物质，100 μg/mL，1 mL/支。

（10）乐果（分子式：$C_5H_{12}NO_3PS_2$，CAS 号：60-51-5）：GBW（E）081428，丙酮中乐果溶液标准物质，100 μg/mL，1 mL/支。

（11）水胺硫磷（分子式：$C_{11}H_{16}NO_4PS$，CAS 号：24353-61-5）：GBW（E）081439，丙酮中水胺硫磷溶液标准物质，100 μg/mL，1 mL/支。

（12）氧乐果（分子式：$C_5H_{12}NO_4PS$，CAS 号：1113-02-6）：GBW（E）081429，丙酮中氧乐果溶液标准物质，100 μg/mL，1 mL/支。

（13）毒死蜱（分子式：$C_9H_{11}Cl_3NO_3PS$，CAS 号：2921-88-2）：GBW（E）081435，丙酮中毒死蜱溶液标准物质，100 μg/mL，1 mL/支。

（14）混合标准溶液：分别准确吸取一定量的单个农药储备溶液于 50 mL 容量瓶中，用丙酮定容至刻度。混合标准溶液避光、0~4 ℃保存，有效期一个月。

（15）固相萃取柱：石墨化炭黑填料（GCB）500 mg/氨基填料（NH_2）500 mg，6 mL。

（16）乙二胺-N-丙基硅烷硅胶（PSA）：40~60 μm。

（17）十八烷基甲硅烷改性硅胶（C_{18}）：40~60 μm。

（18）陶瓷均质子：2 cm（长）×1 cm（外径）。

（19）微孔滤膜（有机相）：0.22 μm×25 mm。

2. 设备

（1）气相色谱仪：配有火焰光度检测器（PFD 磷滤光片）。

（2）分析天平：感量为 0.1 mg 和 0.01 g。

（3）高速匀浆机：转速不低于 15 000 r/min。

（4）离心机：转速不低于 4 200 r/min。

（5）组织捣碎机。

（6）旋转蒸发仪。

（7）氮吹仪，可控温。

（8）涡旋振荡器。

二、操作步骤

1. 提取

称取 5 g（精确至 0.01 g）试样于 150 mL 烧杯中，加入 20 mL 水浸润 30 min，加入 50 mL 乙腈，用高速匀浆机以 15 000 r/min 的转速高速匀浆 2 min，提取液过滤至装有 5～7 g 氯化钠的 100 mL 具塞量筒中，盖上塞子，剧烈振荡 1 min，在室温静置 30 min。

准确吸取 10 mL 上清液于 100 mL 烧杯中，在 80 ℃ 水浴中氮吹蒸发近干，加入 2 mL 乙腈-甲苯溶液（3+1，体积比）溶解残余物，待净化。

2. 净化

将固相萃取柱用 5 mL 乙腈-甲苯溶液预淋洗，当液面到达柱筛板顶部时，立即加入上述待净化溶液，用 100 mL 茄型瓶收集洗脱液，用 2 mL 乙腈-甲苯溶液涮洗烧杯后过柱，并重复一次。再用 15 mL 乙腈-甲苯溶液洗脱柱子，收集的洗脱液于 40 ℃ 水浴中旋转蒸发近干，用 5 mL 丙酮冲洗茄型瓶并转移至 10 mL 离心管中，在 50 ℃ 水浴中氮吹蒸发近干，准确加入 1.00 mL 丙酮，涡旋混匀，用微孔滤膜过滤，待测。

3. 测定

（1）仪器参考条件。

1）色谱柱。

①A 柱：50% 聚苯基甲基硅氧烷石英毛细管柱，30 m×0.53 mm（内径）×1.0 μm，或相当者。

②B 柱：100% 聚苯基甲基硅氧烷石英毛细管柱，30 m×0.53 mm（内径）×1.5 μm，或相当者。

2）色谱柱温度：150 ℃ 保持 2 min，然后以 8 ℃/min 程序升温至 210 ℃，再以 5 ℃/min 升温至 250 ℃，保持 15 min。

3）载气：氮气，纯度≥99.999%，流速为 8.4 mL/min。

4）进样口温度：250 ℃。

5）检测器温度：300 ℃。

6）进样量：1 μL。

7）进样方式：不分流进样。

8）燃气：氢气，纯度≥99.999%，流速为 80 mL/min。

9）柱燃气：空气，流速为 110 mL/min。

（2）标准曲线。将混合标准中间溶液用丙酮稀释成质量浓度分别 0.005、0.01、0.05、0.1、1（mg/L）的系列标准溶液，参考色谱条件测定。以农药质量浓度为横坐标、色谱的峰面积积分值为纵坐标，绘制标准曲线。

（3）定性分析。以目标农药的保留时间定性，被测试样中目标农药色谱峰的保留时间与相应标准色谱峰的保留时间相比较，相差应在 ±0.05 min 之内，需要换不同极性色谱柱再次确认，或质谱定性。

（4）定量分析。以外标法定量。

（5）试样溶液的测定。将混合标准工作溶液和试样溶液依次注入气相色谱仪中，保留时间定性，测得目标农药色谱峰面积，计算得到各农药组分含量。待测样液中农药的响应值应在仪器检测的定量测定线性范围之内，超过线性范围时，应该根据测定浓度进行适当倍数稀释后再进行分析。

4. 平行实验

按照上述提取、净化、测定过程对同一试样进行平行实验测定。

5. 空白实验

除不加试样外，按照上述提取、净化、测定过程进行平行操作。

三、结果计算

试样中被测农药残留量以质量分数 w 计，单位以毫克每千克（mg/kg）表示，按下式进行计算。

$$w = \frac{V_1 \times A \times V_3}{V_2 \times A_s \times m} \times \rho$$

式中　w——样品中被测组分含量，单位为毫克每千克（mg/kg）；

V_1——提取溶剂总体积，单位为毫升（mL）；

V_2——提取液分取体积，单位为毫升（mL）；

V_3——待测溶液定容体积，单位为毫升（mL）；

A——样品溶液中被测组分的峰面积；

A_s——标准溶液中被测组分的峰面积；

m——试样的质量，单位为克（g）；

ρ——标准溶液中被测组分的质量浓度，单位为毫克每升（mg/L）。

计算结果应扣除空白值，计算结果以重复性条件下获得的 2 次独立测定结果的算术平均值表示，保留 2 位有效数字。当结果超过 1 mg/kg 时，保留 3 位有效数字。

四、结果记录

将实验相关数据填入表 23-2 中。

表 23-2　茶叶有机磷农药残留含量测定记录表

日期：　　　　　　　　　　　　　　　　　　　　　　　　　　　　　　　操作人：

分析天平型号		
气相色谱仪型号		
称量记录	**重复1**	**重复2**
茶叶试样质量 m/g		
提取溶剂总体积 V_1/mL		
提取液分取体积 V_2/mL		
待测溶液定容体积 V_3/mL		
农药名称		
标准色谱峰的保留时间 $t_{R,s}$/min		
试样色谱峰的保留时间 t_R/min		
定性分析		
标准溶液中被测组分的质量浓度 ρ/(mg·L^{-1})		

续表

标准色谱峰的峰面积 A_S		
样品色谱峰的峰面积 A		
农药残留量 $w/(\mathrm{mg \cdot kg^{-1}})$		
农药残留量平均值 $\overline{w}/(\mathrm{mg \cdot kg^{-1}})$		

注意事项

1. 方法的重复性限

在重复性条件下获得的 2 次独立测试结果的绝对差值不得超过重复性限（r），见表 23-3。

表 23-3　方法的重复性限

序号	农药	含量/ (mg·kg⁻¹)	重复性限 (r)	含量/ (mg·kg⁻¹)	重复性限 (r)	含量/ (mg·kg⁻¹)	重复性限 (r)	含量/ (mg·kg⁻¹)	重复性限 (r)
1	乙酰甲胺磷	0.02	0.008 5	0.05	0.020	0.1	0.035	1.0	0.24
2	乐果	0.01	0.003 6	0.05	0.025	0.1	0.033	1.0	0.22
3	毒死蜱	0.01	0.004 8	0.05	0.018	0.1	0.022	1.0	0.20
4	氧乐果	0.02	0.009 6	0.05	0.022	0.1	0.028	1.0	0.23
5	水胺硫磷	0.01	0.006 3	0.05	0.015	0.1	0.030	1.0	0.23

2. 方法的定量限

各个农药组分的定量限见表 23-4。

表 23-4　方法的定量限

序号	农药	定量限/ (mg·kg⁻¹)	茶叶定量限/ (mg·kg⁻¹)	备注
1	乙酰甲胺磷	0.020	0.050	禁止在茶叶上使用，最大残留限量 0.05 mg/kg
2	乐果	0.010	0.050	禁止在茶叶上使用，最大残留限量 0.05 mg/kg
3	毒死蜱	0.010	0.050	禁止在蔬菜上使用，最大残留限量 2 mg/kg
4	氧乐果	0.020	0.050	禁止在茶叶上使用，最大残留限量 0.05 mg/kg
5	水胺硫磷	0.010	0.050	禁止在茶叶上使用，自 2024 年 9 月 1 日起禁止销售和使用，最大残留限量 0.05 mg/kg

任务二十四　茶叶中有机磷和氨基甲酸酯类农药残留量的快速检测

 学习目标

　　了解酶抑制法快速检测有机磷和氨基甲酸酯类农药残留量的原理；了解酶抑制法快速检测有机磷和氨基甲酸酯类农药残留量的结果判定方法；掌握有机磷和氨基甲酸酯类农药残留量快速检测的实验操作技能；培养良好的实验习惯，尊重事实和证据，养成遵守实验室规定、维护环境安全和爱护精密仪器的良好意识。

知识准备

一、有机磷和氨基甲酸酯类农药的作用机制与中毒表现

　　有机磷类化合物进入机体后，进入神经突触传导中的突触间隙，与分解乙酰胆碱（ACh）的胆碱酯酶相结合形成磷酰化胆碱酯酶。该磷酰化胆碱酯酶不能自行水解，从而使胆碱酯酶丧失活性，造成 ACh 在体内大量积聚。ACh 可与突触后膜的 M 与 N2 受体结合且具有内在活性，从而产生药理效应。活化 M 受体药理效应表现为心脏抑制、瞳孔缩小、气管收缩、腹部内脏平滑肌收缩、末梢括约肌舒张、机体腺体分泌增加等。活化 N2 受体药理效应表现为骨骼肌收缩。若不及时抢救，胆碱酯酶（AChE）可在几分钟或几小时内"老化"，此过程可能是磷酰化 AChE 的磷酰化基团上的一个烷氧基断裂，形成更稳定的单烷氧基磷酰化 AChE。此时，AChE 复活药也难以使该酶活性恢复，必须等待新生的 AChE 出现，才可分解 ACh，此过程可能需要几周时间。

　　由于 ACh 的作用极其广泛，故中毒症状表现多样化，主要为毒蕈碱样（M 样）和烟碱样（N 样）症状，即急性胆碱能危象。

　　（1）胆碱能神经突触。当有机磷酸酯类被呼吸道吸入后，全身中毒症状可在数分钟内出现。当人体吸入或经眼接触毒物蒸汽或雾剂后，眼和呼吸道症状可能首先出现，表现为瞳孔明显缩小、眼球疼痛、结膜充血、睫状肌痉挛、视力模糊和眼眉疼痛等。当毒物由胃肠道摄入时，则胃肠道症状可能首先出现，表现为厌食、恶心、呕吐、腹痛和腹泻等。当毒物经皮肤吸收中毒时，则首先可见与吸收部位最邻近区域出汗及肌束颤动。严重中毒时，可见自主神经节呈先兴奋、后抑制状态，产生复杂的自主神经综合效应，常常表现为口吐白沫、呼吸困难、流泪、阴茎勃起、大汗淋漓、大小便失禁、心率减慢和血压下降。

　　（2）胆碱能神经肌肉接头。表现为肌无力，不自主肌束抽搐、震颤，并可导致明显的肌肉麻痹，严重时可引起呼吸肌麻痹。

　　（3）中枢神经系统。除了脂溶性极低的毒物外，其他毒物均可进入血脑屏障而产生中枢作用，表现为先兴奋不安，继而出现惊厥，后可转为抑制，出现意识模糊、共济失调、谵语、反射消失、昏迷、中枢性呼吸麻痹及延髓血管运动中枢和其他中枢抑制造成血压下降。

　　（4）慢性中毒。多发生于长期接触农药的人员，主要表现为血中 AChE 活性持续明显下降，临床体征为神经衰弱综合征、腹胀、多汗，偶见肌束颤动及瞳孔缩小。

氨基甲酸酯类农药和有机磷农药一样，是一种胆碱酯酶抑制剂，其引起症状的严重程度基本上与红细胞胆碱酯酶活力的抑制程度相平行。氨基甲酸酯类进入机体后，以整个分子的形式与胆碱酯酶相结合，使 AChE 活性中心上的丝氨酸的羟基被氨基甲酰化，从而阻止了 ACh 与胆碱酯酶的结合，由于胆碱酯酶失去酶解 ACh 的能力，而致 ACh 在体内积聚引起中毒。氨基甲酸酯类种类不同，其对胆碱酯酶的抑制作用强弱差异很大。氨基甲酸酯类对胆碱酯酶的抑制是可逆的，抑制后的胆碱酯酶复能快，临床症状持续时间较短。因此，氨基甲酸酯类农药较有机磷农药毒性低。

由于氨基甲酸酯类农药是 AchE 的直接阻断剂，与有机磷农药不同的是，它们不能使神经中毒的酯酶钝化，因此与迟发的神经疾病的症状无关。氨基甲酸酯类农药的中毒症状是特征性的胆碱性流泪、流涎、瞳孔缩小、惊厥和死亡。

二、酶抑制法检测原理

利用有机磷和氨基甲酸酯类农药对机体内 AChE 具有抑制作用的原理，在乙酰胆碱酯酶及其底物（乙酰胆碱）的共存体系中，加入农产品样品提取液（样品中含有水），如果样品中不含有机磷或氨基甲酸酯类农药，酶的活性就不被抑制，乙酰胆碱就会被酶水解，水解产物与加入的显色剂反应就会产生颜色；反之，如果试样提取液中含有一定量的有机磷或氨基甲酸酯类农药，酶的活性就被抑制，试样中加入的底物就不能被酶水解，从而不显色。根据酶促反应动力学原理，通过抑制率可以判断出样品中是否有有机磷和/或氨基甲酸酯类农药的存在。

三、酶抑制法的检测方法

酶抑制法主要包括速测卡（酶片）法、分光光度法、薄层光谱酶活性抑制法、固相酶速测技术、乙酰胆碱酯酶传感器等，其中，最常用的是速测卡（酶片）法和分光光度法。

1. 速测卡（酶片）法

依据《蔬菜中有机磷和氨基甲酸酯类农药残留量的快速检测》（GB/T 5009.199—2003），胆碱酯酶可催化靛酚乙酸酯（红色）水解为乙酸与靛酚（蓝色），有机磷或氨基甲酸酯类农药对胆碱酯酶有抑制作用，使催化、水解、变色的过程发生改变，由此判断样品中是否含有过量有机磷或氨基甲酸酯类农药的残留。

与空白对照卡比较，白色药片不变色或略有浅蓝色均为阳性结果。不变蓝为阳性结果，说明农药残留量较高，显浅蓝色为弱阳性结果，说明农药残留量相对较低。白色药片变为天蓝色或与空白对照卡相同，为阴性结果。对于阳性结果的样品，可用其他分析方法进一步确定具体农药品种和含量。

2. 分光光度法（比色法）

参考《蔬菜中有机磷和氨基甲酸酯类农药残留量的快速检测》（GB/T 5009.199—2003），一定条件下，有机磷或氨基甲酸酯类农药对胆碱酯酶的正常功能有抑制作用，其抑制率与农药的浓度呈正相关。正常情况下，酶催化神经传导代谢产物（乙酰胆碱）水解，其水解产物与显色剂反应，产生黄色物质，用分光光度计在 412 nm 处测定吸光度随时间的变化值，计算出抑制率；通过抑制率可以判断出样品中是否有高剂量有机磷或氨基甲酸酯类农药的存在。

依据《茶中有机磷及氨基甲酸酯农药残留量的简易检验方法 酶抑制法》（GB/T 18625—2002）、《蔬菜中有机磷及氨基甲酸酯农药残留量的简易检验方法 酶抑制法》（GB/T 18630—2002），在一定条件下，有机磷农药及氨基甲酸酯类农药对胆碱酯酶的活性有抑制作用，其抑制率取决于农药种类及其含量。在 pH 值为 8 的溶液中，碘化硫代乙酰胆碱被胆碱酯酶水解，生成硫代胆碱，硫代胆碱具有还原性，能使蓝色的 2，6-二氯靛酚褪色，褪色程度与胆碱酯酶活性呈正相关，可在 600 nm 比色测定，酶活性受到抑制，吸光度则较高。据此可判断样品中有机磷农药或氨基甲酸酯类农药的残留情况。样品提取液用氧化剂氧化，可提高某些有机磷农药的抑制率，因而可提供其测定灵敏度，过量的氧化剂再用还原剂还原，以免干扰测定。

四、酶抑制法快速检测的优点

（1）实验准备相对简化；

（2）样品经简单前处理后即可测试，后采用先进快速的样品处理方式；

（3）分析方法简单、快速，成本低。

五、酶抑制法快速检测的不足

（1）酶抑制法只适用于有机磷、氨基甲酸酯类、氯化烟酰类（新烟碱类）农药的检测，对其他类型的农药造成的污染无法检出；

（2）由于生物酶稳定性差和耐受性低等原因，酶抑制法检测农产品中有机磷或氨基甲酸酯类农药假阴性率高、准确性低；

（3）影响测定误差大小的因素很多，如酶和底物的来源及浓度、反应温度、pH 值、反应时间等，因此，酶抑制法测定的重现性和稳定性不够理想。

 技能训练

训练任务　茶叶中有机磷和氨基甲酸酯类农药残留量快速测定

一、材料与设备

1. 材料

（1）茶叶试样：按本书"任务二　取样与磨碎试样的制备"要求准备的试样。

（2）丙酮（分子式：C_3H_6O；CAS 号：67 - 64 - 1）：分析纯（AR）。

（3）碳酸钙（分子式：$CaCO_3$；CAS 号：471 - 34 - 1）：分析纯（AR）。

（4）三羟甲基氨基甲烷（分子式：$C_4H_{11}NO_3$；CAS 号：77 - 86 - 1）：分析纯（AR）。

（5）盐酸（分子式：HCl；CAS 号：7647 - 01 - 0）：分析纯（AR）。

（6）次氯酸钙（分子式：$Ca(ClO)_2$；CAS 号：7778 - 54 - 3）：分析纯（AR）。

（7）亚硝酸钠（分子式：$NaNO_2$；CAS 号：7632 - 00 - 0）：分析纯（AR）。

（8）碘化硫代乙酰胆碱（分子式：$C_7H_{16}INOS$；CAS 号：1866 - 15 - 5）：分析纯（AR）。

（9）2，6-二氯靛酚（分子式：$C_{12}H_7Cl_2NO_2$；CAS 号：956 - 48 - 9）：分析纯（AR）。

（10）pH 值为 8 的三羟甲基氨基甲烷（Tris）-盐酸缓冲液：50 mL 0.1 mol/L Tris，加 29.2 mL 0.1 mol/L 盐酸，加水定容至 100 mL。

（11）氧化剂：0.5%次氯酸钙水溶液。

（12）还原剂：10%亚硝酸钠水溶液。

（13）胆碱酯酶液：0.2 g 酶粉［按照《茶中有机磷及氨基甲酸酯农药残留量的简易检验方

法 酶抑制法》（GB/T 18625—2002）附录 A 制备〕加 10 mL 缓冲液溶解。

（14）底物溶液：2％碘化硫代乙酰胆碱水溶液，1 g 碘化硫代乙酰胆碱，加缓冲液溶解并定容至 50 mL。

（15）显色剂：0.04％ 2, 6-二氯靛酚水溶液。

（16）脱色剂：活性炭（分子式：C；CAS 号：7440－44－0），200 目。

2. 设备

（1）农药残留快速检测仪（或分光光度计）。

（2）分析天平：感量为 0.1 mg 和 0.01 g。

二、操作步骤

1. 样品提取

在 15～35 ℃条件下，称取 0.5 g 茶置于 10 mL 烧杯中，加 5 mL 丙酮浸泡 5 min，不时振摇，再加 0.2 g 碳酸钙。

2. 氧化

取 0.5 mL 丙酮提取液于 5 mL 烧杯中，吹干后加 0.3 mL 缓冲液溶解。加入氧化剂 0.1 mL，摇匀后放置 10 min，再加入还原剂 0.3 mL，摇匀。

3. 酶解

加入酶液 0.2 mL，摇匀，放置 10 min，再加入底物溶液 0.2 mL，显色剂 0.1 mL，放置 5 min 后测定。

4. 测定

农药残留快速检测仪（或分光光度计）波长调至 600 nm，测定待测溶液吸光度。

三、结果判定

（1）当测定值在 1.0 以下时，为未检出；

（2）当测定值为 1.0～1.3 时，为可能检测，但残留量较低；

（3）当测定值为 1.3 以上时，为检出。

测定值与农药残留量呈正相关，测定值越高，说明农药残留量越高。

四、结果记录

将实验相关数据填入表 24-1 中。

表 24-1　茶叶中有机磷和氨基甲酸酯类农药残留量的快速检测记录表

日期：　　　　　　　　　　　　　　　　　　　　　　　　　　　　　　　操作人：

分析天平型号		
农药残留快速检测仪（或分光光度计）型号		
称量记录	**重复 1**	**重复 2**
待测溶液吸光度 A		
农药残留量结果判定		

注意事项

（1）酶抑制法只适用于有机磷、氨基甲酸酯类、氯化烟酰类（新烟碱类）农药残留量的检测，其灵敏度有限，且有小部分农药品种对此法很不灵敏，因此对检测结果为阴性的样品，不能认为不含有农药残留或农药残留量不超过最大残留限量（MRL）。

（2）除了有机磷和氨基甲酸酯类物质有可能对乙酰胆碱酯酶活性产生抑制作用外，某些氯化烟酰类（新烟碱类）物质对乙酰胆碱酯酶也有一定的抑制作用，如吡虫啉、啶虫脒、噻虫胺、噻虫嗪等，因此检测过程中需要注意由此引起的假阳性现象。

（3）酶的种类、特异性、活性和稳定性等是影响酶抑制法测定农药残留的灵敏度和稳定性的基础和关键，因此，酶源的选择与酶的制备、纯化、保存必须规范操作。

（4）为了减少样品提取液中的杂质干扰，开发简便、可靠的样品净化技术，也是减少假阳性出现的可选方法之一。

（5）各个农药组分的检出限见表 24-2。

表 24-2　各个农药组分的检出限

序号	农药	含量/(mg·kg^{-1})	备注
1	敌敌畏	2.0	—
2	对硫磷	10.0	禁止使用
3	甲基对硫磷	3.0	禁止在茶叶上使用，最大残留限量 0.02 mg/kg
4	敌百虫	2.0	最大残留限量 2 mg/kg
5	乐果	3.0	禁止在茶叶上使用，最大残留限量 0.05 mg/kg
6	氧乐果	1.0	禁止在茶叶上使用，最大残留限量 0.05 mg/kg
7	辛硫磷	3.0	最大残留限量 0.2 mg/kg
8	伏杀磷	1.5	—
9	内吸磷	1.0	禁止在茶叶上使用，最大残留限量 0.05 mg/kg
10	甲胺磷	20	禁止使用，最大残留限量 0.05 mg/kg
11	乙酰甲胺磷	2.0	禁止在茶叶上使用，最大残留限量 0.05 mg/kg
12	二嗪磷	5.0	—
13	呋喃丹	4.0	—
14	西维因	2.0	—
15	抗蚜威	1.2	—

（6）对比各个农药组分的检出限与最大残留限量发现，甲基对硫磷、乐果、氧乐果、辛硫磷、内吸磷、甲胺磷、乙酰甲胺磷农药残留量的检出限远高于最大残留限量。因此，当农药残留量较高时，才能通过酶抑制法（分光光度法）判断试样中是否存在有机磷或氨基甲酸酯类农药残留。对测定呈假阳性或可疑的样本，必须进行重复检测，必要时对确定为阳性的样本进一步用色谱质谱联用仪等仪器进行确证分析。

任务二十五　茶叶中有机氯农药残留含量的测定

学习目标

了解不同有机氯农药残留量的检验依据；了解茶叶中有机氯农药残留含量测定的实验原理；掌握有机氯农药残留含量样品前处理、气相色谱仪的实验操作技能，能规范记录数据，正确处理分析数据；学会检索不同有机氯农药最大残留限量，按照判定原则得出检验结论；培养良好的实验习惯，尊重事实和证据，养成遵守实验室规定、维护环境安全和爱护精密仪器的良好意识。

知识准备

1. 有机氯农药概述

有机氯农药是用于防治植物病虫害的组成成分中含有氯元素的一类有机化合物，主要包括以苯为原料和以环戊二烯为原料的两大类。前者包括使用早、应用广的杀虫剂如滴滴涕（DDT）和六六六，以及部分杀螨剂，如杀螨酯、三氯杀螨砜、三氯杀螨醇等，还包括一些杀菌剂，如五氯硝基苯、百菌清、稻丰宁等；后者包括作为杀虫剂的氯丹、七氯、硫丹、狄氏剂、艾氏剂、异狄氏剂、碳氯灵等。此外，以松节油为原料的莰烯类杀虫剂、毒杀芬和以萜烯为原料的冰片基氯也属于有机氯农药。

部分有机氯农药具有持久性、生物蓄积性、半挥发性和高毒性等特点，为了保护人类健康和环境，目前我国在茶叶上禁止使用的有机氯农药达 16 种，包括六六六、滴滴涕、毒杀芬、二溴氯丙烷、杀虫脒、除草醚、艾氏剂、狄氏剂、甘氟、毒鼠硅、氯磺隆、三氯杀螨醇、林丹、硫丹、百草枯、2，4-滴丁酯。

2. 有机氯农药残留检验方法

依据《食品安全国家标准　食品中农药最大残留限量》（GB 2763—2021），规定了茶叶中 70 种农药最大残留限量。饮料类（茶叶的上级分类）中 36 种农药最大残留限量，其中涉及百菌清、毒死蜱、硫丹、氯噻啉、西玛津、滴滴涕、六六六、毒虫畏、甲氧滴滴涕、灭草环、三氯杀螨醇、杀虫畏、乙酯杀螨醇、抑草蓬 14 种有机氯农药，涉及检验依据包括 GB 23200.113—2018、GB 23200.8—2016、GB/T 5009.176—2003、GB/T 5009.19—2008、NY/T 761—2008、SN/T 2324—2009 六项国家标准、行业标准。其中，氯噻啉农药未规定检测方法，氯噻啉、灭草环、抑草蓬 3 种有机氯农药的最大残留限量为临时限量。

依据《全国食品安全监督抽检实施细则（2024 年版）》，茶叶检验项目主要包括铅（以 Pb 计）、草甘膦、吡虫啉、乙酰甲胺磷、联苯菊酯、灭多威、三氯杀螨醇、氰戊菊酯和 S-氰戊菊酯、甲拌磷、克百威、水胺硫磷、氧乐果、毒死蜱、啶虫脒、多菌灵、茚虫威、合成着色剂（柠檬黄、日落黄）共 17 项食品安全指标，其中，限 2024 年 3 月 6 日（含）之后生产的产品检测合成着色剂（柠檬黄、日落黄）。

有机氯农药残留量的检测方法分为气相色谱法（GC）、气相色谱质谱联用法（GC‐MS）、液相色谱质谱联用法（LC‐MS）等。

相比于气相色谱法，气相色谱质谱联用法、液相色谱质谱联用法具有灵敏度高、检出限低、选择性好等优点。但是，气相色谱质谱联用仪、液相色谱质谱联用仪价格高、操作要求高。因此，依据《食品中有机氯农药多组分残留量的测定》（GB/T 5009.19—2008），以硫丹、滴滴涕、六六六等为例，侧重介绍气相色谱法检测茶叶中有机氯农药残留量：试样中有机氯农药组分经有机溶剂提取、凝胶色谱层析净化，用毛细管柱气相色谱分离，电子捕获检测器检测，以保留时间定性，外标法定量。

 技能训练

训练任务　气相色谱法测定茶叶中有机氯农药残留量

一、材料与设备

1. 材料

（1）茶叶试样：按本书"任务二　取样与磨碎试样的制备"要求准备的试样。

（2）丙酮（分子式：C_3H_6O，CAS号：67-64-1）：色谱纯（HPLC）。

（3）石油醚（CAS号：8032-32-4）：沸程30～60 ℃，色谱纯（HPLC）。

（4）乙酸乙酯（分子式：$C_4H_8O_2$，CAS：141-78-6）：色谱纯（HPLC）。

（5）环己烷（分子式：C_6H_{12}，CAS：110-82-7）：色谱纯（HPLC）。

（6）正己烷（分子式：C_6H_{14}，CAS：110-54-3）：色谱纯（HPLC）。

（7）氯化钠（分子式：NaCl，CAS号：7647-14-5）：分析纯（AR）。

（8）无水硫酸钠（分子式：Na_2SO_4，CAS号：15124-09-1）：分析纯（AR）。

（9）聚苯乙烯凝胶：Bio-Beads S-X3，200～400目，或同类产品。

（10）硫丹（α-硫丹、β-硫丹的混合物，分子式：$C_9H_6Cl_6O_3S$，CAS号：115-29-7）：GBW（E）081178，正己烷中硫丹溶液标准物质，100 μg/mL，2 mL/支。

（11）滴滴涕：GBW（E）083159，正己烷中4种滴滴涕类农药混合溶液标准物质，100 μg/mL，2 mL/支。

（12）六六六（α-BHC、β-BHC、γ-BHC、δ-BHC的混合物，分子式：$C_6H_6Cl_6$，CAS号：608-73-1）：GBW（E）083158，正己烷中4种六六六农药混合溶液标准物质，100 μg/mL，2 mL/支。

（13）毒死蜱（分子式：$C_9H_{11}Cl_3NO_3PS$，CAS号：2921-88-2）：GBW（E）081170，正己烷中毒死蜱溶液标准物质，100 μg/mL，2 mL/支。

（14）三氯杀螨醇（分子式：$C_{14}H_9Cl_5O$，CAS：115-32-2）：GBW（E）082606，正己烷中三氯杀螨醇溶液标准物质，100 μg/mL，1 mL/支。

（15）混合标准溶液：分别准确吸取一定量的单个农药储备溶液于50 mL容量瓶中，用正己烷定容至刻度，混合标准溶液避光、0～4 ℃保存，有效期1个月。

（16）微孔滤膜（有机相）：0.22 μm×25 mm。

2. 设备

（1）气相色谱仪（GC）：配有电子捕获检测器（ECD）。

（2）分析天平：感量为0.1 mg和0.01 g。

（3）凝胶净化柱：长30 cm，内径2.3～2.5 cm具活塞玻璃层析柱，柱底垫少许玻璃棉。用洗脱剂乙酸乙酯-环己烷（1+1，体积比，下同）浸泡的凝胶，以湿法装入柱中，柱床高约26 cm，凝胶始终保持在洗脱剂中。

（4）全自动凝胶色谱系统：带有固定波长（254 nm）紫外检测器，供选择使用。

（5）旋转蒸发仪。

（6）组织匀浆机。

（7）振荡器。

（8）氮气浓缩器。

二、操作步骤

1. 提取与分配

称取试样 20 g（精确至 0.01 g）于 150 mL 烧杯中，加入去离子水 20 mL，加入丙酮 40 mL，振荡 30 min，加氯化钠 6 g，摇匀，加石油醚 30 mL，再振荡 30 min。静置分层后，将有机相全部转移至 100 mL 具塞三角瓶中，经无水硫酸钠干燥，并量取 35 mL 于旋转蒸发瓶中，浓缩至约 1 mL，加入 2 mL 乙酸乙酯-环己烷（1＋1）溶液再浓缩，如此重复 3 次，浓缩至约 1 mL，供凝胶色谱层析净化作用，或将浓缩液转移至全自动凝胶渗透色谱系统配套的进样试管中，用乙酸乙酯-环己烷（1＋1）溶液洗涤旋转蒸发瓶数次，将洗涤液合并至试管中，定容至 10 mL，待净化。

2. 净化

选择手动或全自动净化方法的任意一种进行。

（1）手动凝胶色谱柱净化。将试样浓缩液经凝胶柱以乙酸乙酯-环己烷（1＋1）溶液洗脱，弃去 0～35 mL 流分，收集 35～70 mL 流分，将其旋转蒸发浓缩至约 1 mL，再经凝胶柱净化收集 35～70 mL 流分，蒸发浓缩，用氮气吹除溶剂，用正己烷定容至 1 mL，留待 GC 分析。

（2）全自动凝胶渗透色谱系统净化。试样由 5 mL 试样环注入凝胶渗透色谱（GPC）柱，泵流速为 5.0 mL/min，以乙酸乙酯-环己烷（1＋1）溶液洗脱，弃去 0～7.5 min 流分，收集 7.5～15 min 流分，15～20 min 冲洗 GPC 柱。将收集的流分旋转蒸发浓缩至约 1 mL，用氮气吹至近干，用正己烷定容至 1 mL，留待 GC 分析。

3. 测定

（1）仪器参考条件。色谱柱：DM-5 石英弹性毛细管柱，长 30 m、内径 0.32 mm、膜厚 0.25 μm，或等效柱。

（2）色谱柱温度：90 ℃保持 1 min，然后以 40 ℃/min 速度升温至 170 ℃，再以 2.3 ℃/min 升温至 230 ℃，保持 17 min，最后以 40 ℃/min 升温至 280 ℃，保持 5 min。

（3）载气：氮气，纯度≥99.999％，流速为 1 mL/min；尾吹：25 mL/min。

（4）进样口温度：280 ℃。

（5）检测器温度：300 ℃。

（6）进样量：1 μL。

（7）进样方式：不分流进样。

（8）柱前压：0.5 MPa。

（9）色谱分析：分别吸取 1 μL 混合标准液及试样净化液注入气相色谱仪，记录色谱图，以保留时间定性，以试样和标准的峰高或峰面积比较定量。

三、结果计算

试样中被测农药残留量以质量分数 X 计，单位以毫克每千克（mg/kg）表示，按下式进行计算：

$$w = \frac{V_1 \times A \times V_3}{V_2 \times A_S \times m} \times \rho$$

式中 w——样品中被测组分含量，单位为毫克每千克（mg/kg）；

V_1——提取溶剂总体积，单位为毫升（mL）；

V_2——提取液分取体积，单位为毫升（mL）；

V_3——待测溶液定容体积，单位为毫升（mL）；

A——样品溶液中被测组分的峰面积；

A_S——标准溶液中被测组分的峰面积；

m——试样的质量，单位为克（g）；

ρ——标准溶液中被测组分的质量浓度，单位为毫克每升（mg/L）。

计算结果应扣除空白值，计算结果以重复性条件下获得的 2 次独立测定结果的算术平均值表示，保留 2 位有效数字。当结果超过 1 mg/kg 时，保留 3 位有效数字。

四、结果记录

将实验相关数据填入表 25-1 中。

表 25-1 茶叶有机氯农药残留含量测定记录表

日期：　　　　　　　　　　　　　　　　　　　　　　　　　　　　　　　操作人：

分析天平型号		
气相色谱仪型号		
称量记录	**重复 1**	**重复 2**
茶叶试样质量 m/g		
提取溶剂总体积 V_1/mL		
提取液分取体积 V_2/mL		
待测溶液定容体积 V_3/mL		
农药名称		
标准色谱峰的保留时间 $t_{R,S}$/min		
试样色谱峰的保留时间 t_R/min		
定性分析		
标准溶液中被测组分的质量浓度 ρ/(mg·L^{-1})		
标准色谱峰的峰面积 A_S		
样品色谱峰的峰面积 A		
农药残留量 w/(mg·kg^{-1})		
农药残留量平均值 $\overline{w}$/(mg·kg^{-1})		

⚡ 注意事项

（1）在重复性条件下获得的 2 次独立测试结果的绝对差值不得超过算术平均值的 20%。

（2）不同色谱柱的出峰顺序不同，应以单个标样校对。

（3）六六六、滴滴涕标准溶液有毒，器具需经浓氢氧化钾或六价铬酸洗液浸泡后才能洗涤。

附　录　实验数据的处理

【依据】

(1)《数值修约规则与极限数值的表示和判定》(GB/T 8170—2008)。

(2)《食品卫生检验方法 理化部分 总则》(GB/T 5009.1—2003)。

(3)《化学分析实验室有效数字运用指南》(DB51/T 2157—2016)。

(4)《食品理化检测中有效数字应用指南》(DB14/T 2276—2021)。

(5)《数据的统计处理和解释 正态样本离群值的判断和处理》(GB/T 4883—2008)。

(6)《数据的统计处理和解释 正态分布均值和方差的估计与检验》(GB/T 4889—2008)。

(7)《测量方法与结果的准确度（正确度与精密度）第 1 部分：总则与定义》（GB/T 6379.1—2004)。

【实验方法评价】

一、评价指标

1. 准确度

准确度（Accuracy）是指多次测定的平均值（r）接近真实值（μ）的程度。实验结果与真实值之间差异越小，证明其准确度越高。准确度的高低可以用误差来衡量。

误差可用绝对误差 E_a 和相对误差 E_r 表示：

$$E_a = X - \mu$$

$$E_r = \frac{E_a}{\mu} \times 100\%$$

检测方法的准确度可用加标回收实验进行验证，即准确度可以回收率来表示；检测结果的准确度可用有证标准物质进行评估验证。

某一稳定样品中加入不同水平已知量的标准物质（将标准物质的量作为真值）称为加标样品；同时测定样品和加标样品；加标样品扣除样品值后与标准物质的误差即为该方法的准确度。

加入的标准物质的回收率按下式进行计算：

$$\rho = \frac{X_1 - X_0}{m} \times 100\%$$

式中　ρ——加入的标准物质的回收率；

　　　m——加入的标准物质的量；

　　　X_1——加标试样的测定值；

X_0——未加标试样的测定值。

2. 精密度

精密度（Precision）是指一组平行测定结果之间的离散程度。平行测定结果越接近，精密度越高。

在某一实验室，使用同一操作方法，测定同一稳定样品时，允许变化的因素有操作者、时间、试剂、仪器等，测定值之间的相对偏差即为该方法在实验室内的精度。

精密度的高低用偏差来表示。

绝对偏差＝测量值－平均值＝$C_i - \overline{C}$

相对偏差＝$\dfrac{\text{绝对偏差}}{\text{平均值}} \times 100\% = \dfrac{C_i - \overline{C}}{\overline{C}} \times 100\%$

绝对误差＝测量值（或平均值）－真值＝$C_i - C_{真}$（或 $\overline{C} - C_{真}$）

相对误差＝$\dfrac{\text{绝对误差}}{\text{真值}} \times 100\% = \dfrac{C_i - C_{真}}{C_{真}} \times 100\%$

标准偏差 $S = \sqrt{\dfrac{\sum\limits_{i=1}^{n}(C_i - C)^2}{n-1}} = \sqrt{\dfrac{\sum\limits_{i=1}^{n}C_i^2 - \dfrac{(\sum\limits_{i=1}^{n}C_i)^2}{n}}{n-1}}$

相对标准偏差 $RSD = \dfrac{\sqrt{\dfrac{\sum\limits_{i=1}^{n}(C_i - \overline{C})^2}{n-1}}}{\overline{C}} \times 100\%$

3. 准确度与精密度的关系

在实验过程中，真实值往往是未知的，因此，通常根据精密度来评价实验结果。精密度高，不代表准确度高，但准确度高一定要求精密度高。精密度高的实验结果才可能达到准确度高。

4. 灵敏度

对于采用标准曲线法定量分析的检测方法，把标准曲线回归方程中的斜率（b）作为方法灵敏度，即单位物理量的响应值。

5. 检出限

把 3 倍空白值的标准偏差（测定次数 $n \geqslant 20$）相对应的质量或浓度称为检出限。

（1）对于色谱法（GC、HPLC），色谱仪最低响应值为 $S = 3N$（N 为仪器噪声水平），则检出限按下式进行计算：

$$\text{检出限 } L = \frac{\text{最低响应值}}{b} = \frac{S}{b}$$

式中 b——标准曲线回归方程中的斜率（响应值/μg 或响应值/ng）；

S——为仪器噪声的 3 倍，即仪器能辨认的最小的物质信号。

（2）对于吸光法或荧光法，全试剂空白响应值按下式进行计算：

$$X_L = \overline{X} + Ks$$

式中 X_L——全试剂空白响应值（以溶剂调节零点）；

$\overline{X}$——测定 n 次空白溶液的平均值（$n \geqslant 20$）；

s——n 次空白值的标准偏差；

K——根据一定置信度确定的系数。

检出限按下式进行计算：

$$L = \frac{X_L - \overline{X}}{b} = \frac{Ks}{b}$$

式中　L——检出限；

　　　X_L、$\overline{X}$、K、s、b——同上式注释；

　　　K——一般为3。

6. 定量限

定量限是指样品中被测物能被定量测定的最低量，其测定结果应具有一定的准确度。

7. 重复性

（1）重复性条件。指在同一实验室，由同一操作员使用相同的设备，按相同的测试方法，在短时间内对同一被测对象相互独立进行实验的测试条件。

（2）重复性标准差。指在重复性条件下所得测试结果的标准差，重复性标准差是重复性条件下测试结果分布的分散性的度量。

（3）重复性限。指一个数值，在重复性条件下，两个测试结果的绝对差小于或等于此数的概率为95%，重复性限用 r 来表示。

8. 再现性

（1）再现性条件。指在不同的实验室，由不同的操作员使用不同设备，按相同的测试方法，对同一被测对象相互独立进行实验的测试条件。

（2）再现性标准差。指在再现性条件下所得测试结果的标准差。再现性标准差是再现性条件下测试结果分布的分散性的度量。

（3）再现性限。指一个数值，在再现性条件下，两个测试结果的绝对差小于或等于此数的概率为95%，再现性限用符号 R 表示。

9. 正确度

正确度是指大量测试结果得到的平均数与接受参照值间的一致程度。正确度通常用术语偏倚表示。

二、显著性检验

1. t 检验法

（1）平均值和标准值的比较。为了检验实验结果是否有较大的误差，有必要对标准试样进行若干次分析，利用 t 检验法对实验结果的平均值与标准试样的标准值进行比较，查看两者之间是否有显著性差异。

$$t = \frac{|\overline{X} - \mu|}{S} \sqrt{n}$$

若 t 值大于附表1中的 $t_{a,p}$ 值，则有显著性差异；否则，没有显著性差异。

附表 1　　*t* 值表

t	显著性水平 *a*，置信概率 *p*		
	$a=0.10$ $p=0.90$	$a=0.05$ $p=0.95$	$a=0.01$ $p=0.99$
1	6.31	12.71	63.66
2	2.92	4.30	9.92
3	2.35	3.18	5.84
4	2.13	2.78	4.60
5	2.02	2.57	4.03
6	1.94	2.45	3.71
7	1.90	2.36	3.50
8	1.86	2.31	3.36
9	1.83	2.26	3.25
10	1.81	2.23	3.17
20	1.72	2.09	2.84
∞	1.64	1.96	2.58

（2）两组平均值的比较。相同实验员采用不同的实验方法，或不同的实验员采用同一实验方法得到的实验结果，所得到的平均值往往是不同的。判断这样的两组或两组以上的实验结果是否有显著性差异，可以采用 *t* 检验法。

首先判断各组实验结果的精密度是否有显著性差异，如果有显著性差异，则无须进行进一步的检验；如果无显著性差异，应先计算出各组之间的标准差之和，用 $S_{和}$ 表示。

2. *F* 检验法

F 检验法是比较两组实验数据的方差，以确定它们的精密度是否有显著性差异的一种检验方法。

$$F=\frac{S_{大}^2}{S_{小}^2}$$

式中　　$S_{大}^2$——两组数据中方差较大的一组；

　　　　$S_{小}^2$——两组数据中方差较小的一组。

将计算所得的 *F* 值与附表 2 中相应的 *F* 值进行比较。在一定置信概率及自由度时，若 *F* 值大于表中值，则认为两者之间存在显著性差异；否则，不存在显著性差异。

附表 2　　置信概率 95% 时 *F* 值表（单边，置信概率为 95%，显著性水平为 5%）

f_2	f_1									
	2	3	4	5	6	7	8	9	10	∞
2	19.00	19.16	19.25	19.30	19.33	19.36	19.37	19.38	19.39	19.50
3	9.55	9.28	9.12	9.01	8.94	8.88	8.84	8.81	8.78	8.53
4	6.94	6.59	6.39	6.26	6.16	6.09	6.04	6.00	5.96	5.63
5	5.79	5.41	5.19	5.05	4.95	4.88	4.82	4.78	4.74	4.36

f_2	f_1									
	2	3	4	5	6	7	8	9	10	∞
6	5.14	4.76	4.53	4.39	4.28	4.21	4.15	4.10	4.06	3.67
7	4.74	4.35	4.12	3.97	3.87	3.79	3.73	3.68	6.63	3.23
8	4.46	4.07	3.84	3.69	3.58	3.50	3.44	3.39	3.34	2.93
9	4.26	3.86	3.63	3.48	3.37	3.29	3.23	3.18	3.13	2.71
10	4.10	3.71	3.48	3.33	3.22	3.14	3.07	3.02	2.97	2.54
∞	3.00	2.60	2.37	2.21	2.10	2.01	1.94	1.88	1.83	1.00

【实验数据处理】

一、有效数字

一个数由所有准确的数字和其后的不确定数字组成。

注：一般情况下，不确定数字位于数字最后，且为1位，特殊情况下为2位。

在食品理化检验中直接或间接测定的量，一般用数字表示，但它与数学中的"数"不同，而仅仅表示量度的近似值。在测定值中只保留一位可疑数字，如0.0123与1.23都为三位有效数字。当数字末端的"0"不作为有效数字时，要改写成用乘以"10"来表示。例如，24 600取三位有效数字，应写作2.46×10^4。

二、有效数字运算规则

（1）除有特殊规定外，一般可疑数表示末位1个单位的误差。

（2）复杂运算时，其中间过程多保留一位有效数字，最后结果须取应有的位数。

（3）加减法计算的结果，其小数点以后保留的位数，应与参加运算各数中小数点后位数最少的相同。

（4）乘除法计算的结果，其有效数字保留的位数，应与参加运算各数中有效数字位数最少的相同。

三、数据修约规则

（1）在拟舍弃的数字中，若左边第一个数字小于5（不包括5），则舍去，即所拟保留的末位数字不变。例如，将14.243 2修约到保留一位小数。

修约前　　　　修约后

14.243 2　　　14.2

（2）在拟舍弃的数字中，若左边第一个数字大于5（不包括5），则进一，即所拟保留的末位数字加一。例如，将26.484 3修约到只保留一位小数。

修约前　　　　修约后

26.484 3　　　26.5

（3）在拟舍弃的数字中，若左边第一位数字等于5，其右边的数字并非全部为零，则进一，即所拟保留的末位数字加一。例如，将 1.050 1 修约到只保留一位小数。

修约前　　　　　修约后

1.050 1　　　　　1.1

（4）在拟舍弃的数字中，若左边第一个数字等于 5，其右边的数字皆为零，所拟保留的末位数字为奇数则进一，为偶数（包括"0"）则不进。

例如，将下列数字修约到只保留一位小数。

修约前　　　　修约后

0.350 0　　　　0.4

0.450 0　　　　0.4

1.050 0　　　　1.0

（5）所拟舍弃的数字，若为两位以上数字，不得连续进行多次修约，应根据所拟舍弃数字中左边第一个数字的大小，按上述规定一次修约出结果。

四、离群值的判断和处理

1. 来源与判断

离群值按产生原因分为两类：

（1）第一类离群值是总体固有变异性的极端表现，这类离群值与样本中其余观测值属于同一总体。

（2）第二类离群值是由实验条件和实验方法的偶然偏离所造成的结果，或产生于观测、记录、计算中的失误，这类离群值与样本中其余观测值不属于同一总体。

对离群值的判定通常可根据技术上或物理上的理由直接进行。例如，实验者已经知道实验偏离了规定的实验方法，或测试仪器发生了问题等。当上述理由不明确时，可采用附录规定的方法。

2. 离群值的三种情形

在下述不同情形下判断样本中的离群值，上侧情形和下侧情形统称单侧情形。

（1）上侧情形：根据实际情况或以往经验，离群值都为高端值。

（2）下侧情形：根据实际情况或以往经验，离群值都为低端值。

（3）双侧情形：根据实际情况或以往经验，离群值可为高端值，也可为低端值。

若无法认定为单侧情形，按双侧情形处理。

3. 检出离群值个数的上限

应规定在样本中检出离群值个数的上限（与样本量相比应较小），当检出离群值个数超过这个上限时，对此样本应做慎重研究和处理。

4. 单个离群值情形

（1）依实际情况或以往经验选定适宜的离群值检验规则；

（2）确定适当的显著性水平；

（3）根据显著性水平及样本量，确定检验的临界值；

（4）由观测值计算相应统计量的值，根据所得值与临界值的比较结果做出判断。

5. 判定多个离群值的检验规则

在允许检出离群值的个数大于 1 的情况下，重复使用检验规则进行检验，若没有检出离群值，则整个检验停止；若检出离群值，并且检出的离群值总数超过上限时，检验停止，对此样本应慎重处理，否则，采用相同的检出水平和相同的规则，对除去已检出的离群值后余下的观测值继续检验。

6. 离群值处理

（1）处理方式。处理离群值的方式如下：

1）保留离群值并用于后续数据处理。

2）在找到实际原因时修正离群值，否则予以保留。

3）剔除离群值，不追加观测值。

4）剔除离群值，并追加新的观测值或用适宜的插补值代替。

（2）处理规则。

对检出的离群值，应尽可能寻找其技术上和物理上的原因，作为处理离群值的依据。应根据实际问题的性质，权衡寻找和判定产生离群值的原因所需代价、正确判定离群值的得益及错误剔除正常观测值的风险，以确定实施下述三个规则之一：

1）若在技术上或物理上找到了产生离群值的原因，则应剔除或修正；若未找到产生它的物理上和技术上的原因，则不得剔除或进行修正。

2）若在技术上或物理上找到了产生离群值的原因，则应剔除或修正；否则，保留歧离值，剔除或修正统计离群值；在重复使用同一检验规则检验多个离群值的情形，每次检出离群值后，都要再检验它是否为统计离群值。若某次检出的离群值为统计离群值，则此离群值及在它前面检出的离群值（含歧离值）都应被剔除或修正。

3）检出的离群值（含歧离值）都应被剔除或进行修正。

（3）备案。被剔除或修正的观测值及其理由应予记录，以备查询。

五、置信区间估计

1. 不分组的情形

在剔除可疑数据后，这批数据包含 n 个观测值 X_i（$i=1, 2, \cdots, n$），其中，某些可能取相同的值，用 n 个数据的算术平均 $\overline{X}$ 估计正态分布的均值 μ。

$$\overline{X} = \frac{1}{n} \sum_{i=1}^{n} X_i$$

2. 分组的情形

当数据的个数很大（如在 50 以上）时，可以将它们按等间隔分组。在某些情形下，也可能直接获得分组的数据。

n_i 表示第 i 组的频数，即第 i 组中数据的个数。

k 表示组数，则有

$$n = \sum_{i=1}^{k} n_i$$

Y_i 表示第 i 组的中点，用所有组的中点的加权算术平均 $\overline{y}$ 作为均值 μ 的估计。

$$\overline{y} = \frac{1}{n} \sum_{i=1}^{k} n_i y_i$$

【提高实验结果准确度的方法】

前面介绍了实验误差的来源，在食品检测过程中可以采用一些方法来尽可能地减小食品检测过程中的误差，从而提高结果的准确度。

一、选择合适的分析方法

不同食品检测方法的准确度和精密度是不同的。这就要求食品检测人员在进行分析之前确定合适的分析方法。化学分析方法适用于分析高含量的组分；仪器分析方法适用于分析低含量组分、微量组分和痕量组分。

二、减小误差

不同的食品检测方法对准确度的要求是不同的，应根据实际要求来控制各分析步骤中的误差，从而使准确度提高。

三、增加平行测定的次数，减小随机误差

在消除系统误差的前提下，平行测定次数越多，其平均值越接近真实值。但平行次数过多，对随机误差的减小不明显，反而是工作量加大，工作效率降低。因此，一般的食品检测实验进行 3 次左右的平行测定即可，对要求较高的实验可适当增加平行次数。

四、消除分析过程中的系统误差

系统误差是由固定原因引起的，找出其中的原因即可消除系统误差。消除系统误差可采用以下几种方式。

1. 对照实验

（1）选择标准试样进行分析，将分析结果与标准检测结果进行比较，再用 t 检验法进行检验。

（2）用标准方法与所选方法同时分析同一样品，再用 t 检验法和 F 检验法进行判断。

（3）对未知样品进行分析时，可采用加标回收法进行对照实验。

2. 空白实验

空白实验是指在不加供试样品或以等量溶剂替代供试液的情况下，按相同方法进行实验。从试样检测结果中减去空白实验的结果，就得到比较可靠的分析结果。

3. 校准仪器

由仪器不准确产生的系统误差，可通过对仪器进行校正来避免；在计算分析结果时采用校正值。

参 考 文 献

[1] 李远华．茶学综合实验 [M]．北京：中国轻工业出版社，2018.

[2] 宛晓春．茶叶生物化学 [M]．3 版．北京：中国农业出版社，2008.

[3] 张正竹．茶叶生物化学实验教程 [M]．2 版．北京：中国农业出版社，2021.

[4] 成洲．茶叶加工技术 [M]．北京：中国轻工业出版社，2015.

[5] 中国标准出版社第一编辑室．茶叶标准汇编 [M]．4 版．北京：中国标准出版社，2011.

[6] 中华人民共和国国家卫生健康委员会政策法规司．中华人民共和国食品安全国家标准汇编 [M]．北京：中国标准出版社，2012.

[7] 张公绪，茆诗松．实验数据处理方法 [M]．2 版．上海：上海科学技术出版社，2015.

[8] 李金昌．数据分析与实验数据处理 [M]．北京：中国统计出版社，2007.

[9] 费璠，张梓莹，胡松，等．HPLC 同时检测红茶中儿茶素和茶黄素含量 [J]．食品与发酵工业，2022，48（5）：275－280.

[10] 丁永红．茶叶中茶多酚的提取和检测方法 [J]．广东化工，2015，42（19）：89，106.

[11] 李宗桢．不同产地红茶中茶多酚和儿茶素含量检测及抗氧化活性评价 [D]．沈阳农业大学，2022.

[12] 王丽丽，陈键，宋振硕，等．茶叶中茶多酚检测方法研究进展 [J]．茶叶科学技术，2013（4）：6－12.

[13] 张致玮，李梁，杨小俊，等．茶叶中游离氨基酸的检测与其生物活性研究进展 [J]．食品安全质量检测学报，2024，15（10）：82－89.

[14] 张佳，王川丕，阮建云．GC－MS 及 GC 测定茶叶中主要游离氨基酸的方法研究 [J]．茶叶科学，2015，36（3）：309－316.

[15] 林杰，段玲靓，吴春燕，等．茶叶中的黄酮醇类物质及对感官品质的影响 [J]．茶叶，2010，36（1）：14－18.

[16] 陈宗懋．茶叶中茶黄素、茶红素和茶褐素的研究进展 [J]．茶叶科学，2022，42（2）：257－268.

[17] 刘仲华，黄建安，龚雨顺，等．茶黄素——茶叶中的"软黄金" [J]．中国茶叶，2021，（9）：1－11.

[18] 杨新河，吕帮玉，毛清黎，等．茶色素的生物活性研究进展 [J]．江西农业学报，2012，24（1）：102－105.

[19] 崔宏春，周铁锋，郑旭霞，等．茶多糖检测方法研究进展 [J]．中国茶叶加工，2015（4）：37－42.

[20] 汪东风，杜晓，徐晓云，等．茶叶多糖的组成及性质研究 [J]．中国食品学报，2004，4（1）：19－23.

[21] 王黎明，李文，陈小强，等 . 不同品种茶叶中茶多糖含量测定及其单糖组成分析 [J]. 食品科学，2010，31（24）：327－330.

[22] 李银花，文海涛，黎星辉 . 不同茶类水浸出物、茶多酚及氨基酸含量分析 [J]. 中国茶叶，2019（7）：2.

[23] 王晓，李叶云，江昌俊，等 . 不同茶树品种茶叶水浸出物、茶多酚和氨基酸含量分析 [J]. 中国农学通报，2007，23（6）：116－119.

[24] 杨秀芳，王晓，江昌俊 . 不同季节茶叶水浸出物、茶多酚和氨基酸含量的分析 [J]. 安徽农业科学，2008，36（28）：12180－12181，12203.

[25] 刘本英，周红杰，王平盛，等 . 茶叶灰分及其检验意义和世界茶叶标准中的灰分指标 [J]. 热带农业科技，2007，30（3）：22－27.

[26] 李艳，李晓霞，李洁，等 . 不同种类茶叶灰分含量测定及比较 [J]. 安徽农业科学，2011，39（21）：12847－12848，12851.

[27] 庞式锋 . 茶叶灰分含量测定中应注意的几个问题 [J]. 蚕桑茶叶通讯，2009（3）：2.

[28] 江和源，张建勇，陈宗懋 . 茶叶香气研究进展 [J]. 中国茶叶，2007（06）：8－10.

[29] Xiaoting Zhai, Liang Zhang, Michael Granvogl, et al. Flavor of tea (*Camellia sinensis*): A review on odorants and analytical techniques [J]. Comprehensive Reviews in Food Science and Food Safety，2022，21（5）：3867－3909.

[30] 童华荣 . 茶叶香气研究进展 [J]. 茶叶科学，2005（03）：173－180.

[31] 杨秀芳，王晓，江昌俊 . 茶叶含梗量与主要生化成分关系的研究 [J]. 安徽农业科学，2008，36（25）：10859－10860，10863.

[32] 陈林，李中林，钟应富，等 . 茶叶夹杂物对其品质的影响及防控措施 [J]. 南方农业，2016，10（36）：86－88.

[33] 汪芳 . 茶叶中夹杂物含量对茶叶品质的影响 [J]. 福建茶叶，2016，38（08）：24－25.

[34] 杨秀芳，邹新武，赵玉香，等 . 龙井茶产品碎茶和粉末含量测定方法的研究 [J]. 中国茶叶加工，2008（2）：36－38.

[35] 翁昆，杨秀芳，赵玉香 . 不同筛孔尺寸对茶叶碎末茶含量测定的影响 [J]. 茶叶科学，2009，29（1）：73－76.

[36] 陈勤操，金晶，王洪新 . 茶叶粉末和碎茶含量与其加工过程关系的探讨 [J]. 中国茶叶加工，2010（3）：24－26.

[37] 朱忠林 . 商品过度包装计量监管现状及问题浅谈 [C] //江苏省计量测试学会学术会议 . 江苏省计量测试学会，2013.

[38] 黄力文 . 关于礼品茶现行过度包装检测规则适用性的探讨 [J]. 福建茶叶，2021.

[39] 张琳，刘新，张颖彬，等 .《限制商品过度包装要求食品和化妆品》（GB 23350－2021）对茶叶包装的基本要求解读 [J]. 中国茶叶，2022.

[40] 高林瑞，王登良，戴素贤 . 茶叶在贮藏过程中主要化学成分的变化及其机理 [J]. 广东茶业，2004（Z1）：26－30.

[41] 王丽，陆宁 . 茶叶中霉菌总数及常见霉菌的分离鉴定 [J]. 中国茶叶，2008（6）：14－15.

[42] 陈可可，谢春生，陈勤 . 普洱茶中霉菌的分离及鉴定 [J]. 食品研究与开发，2007，28（11）：155－158.

[43] 武疆．茶叶中大肠菌群检测方法的研究 [J]．福建茶叶，2016 (4)：2.

[44] 李云，卢丽，李洁，等．茶叶中大肠菌群检测方法的研究进展 [J]．食品安全质量检测学报，2023，14 (13)：4.

[45] 蒋晓艳，李平，王艳，等．不同检测方法在茶叶中大肠菌群测定中的应用比较 [J]．食品安全导刊，2023 (20)：2.

[46] 王丽，李叶云，江昌俊．茶叶中微生物污染及其控制技术研究进展 [J]．中国茶叶加工，2014 (4)：4.

[47] 王丽，周跃斌，龚雨顺．茶叶中铅含量检测技术研究进展 [J]．食品工业科技，2012，33 (15)：265－268.

[48] 杨勇，刘新，汪庆华，等．茶叶中铅含量检测方法的比较 [J]．食品研究与开发，2009，30 (11)：148－151.

[49] 陈建国，李银保，刘霞，等．茶叶中铅含量检测及不同浸泡条件对茶叶中铅浸出量的影响 [J]．江西农业学报，2009，21 (9)：128－130.

[50] 刘铁兵，屠海云，陈美春，等．茶叶中有机硒的检测方法研究 [J]．浙江科技学院学报，2013，25 (5)：373－379.

[51] 李静，杨广，杨浩，等．茶叶中硒含量测定方法的研究进展 [J]．现代农业科技，2019 (19)：216－218.

[52] 郭雅玲，高香凤．茶叶硒含量及其与土壤硒的关系研究 [J]．中国茶叶，2018 (12)：24－26.

[53] 罗友进，钟应富，袁林颖，等．茶叶中硒的研究进展 [J]．南方农业，2015，9 (9)：192－195.

[54] 中华人民共和国国家卫生健康委员会，国家市场监督管理总局．GB 31608－2023 食品安全国家标准 茶叶 [S]．北京：中国标准出版社，2023.

[55] 黎洪霞，晏嫦妤．茶叶农药残留研究进展 [J]．广东茶业，2017 (3)：6－9.

[56] 王丽娟，王文瑞．茶叶中农药残留检测前处理方法研究 [J]．中国保健营养，2013 (5)：193－194.

[57] 刘小文，吴国星，高熹，等．几种新技术在茶叶农药残留分析样品前处理中的应用 [J]．云南大学学报：自然科学版，2008，30 (S1)：210－214.

[58] 冯洁，汤桦，陈大舟，等．茶叶中 9 种有机氯和拟除虫菊酯农药残留的前处理方法研究 [J]．分析测试学报，2010，29 (10)：1041－1047.

[59] 王震，李俊，郭晓美，等．茶叶农药残留检测方法比较研究 [J]．山地农业生物学报，2011，30 (5)：434－439.